普通高等教育"十四五"规划教材

采矿CAD二次开发技术教程

李角群 聂兴信 李迎峰 程 平 编著

扫码查看
本书资源

北 京
冶 金 工 业 出 版 社
2022

内 容 提 要

本书主要介绍了矿山数字化技术、AutoCAD 平台下高级绘图技巧、AutoCAD 平台下 LISP 程序设计、AutoCAD 平台下 VBA 应用程序开发、VBA 开发语言基础、AutoCAD 对象模型的创建和编辑、人机交互与选择集等。书中还配有两个完整的采矿 CAD 二次开发应用案例：案例一为矿山巷道断面设计及工程量计算；案例二为矿山地表曲面模型构建及方量计算。

本书为高等院校采矿工程及相关专业的教学用书，也可供采矿工程技术人员和科研人员参考。

图书在版编目(CIP)数据

采矿 CAD 二次开发技术教程／李角群等编著． — 北京：冶金工业出版社，2022.4
普通高等教育"十四五"规划教材
ISBN 978-7-5024-9139-0

Ⅰ.①采… Ⅱ.①李… Ⅲ.①矿山开采—计算机辅助设计—AutoCAD 软件—高等学校—教材 Ⅳ.①TD802 – 39

中国版本图书馆 CIP 数据核字（2022）第 069353 号

采矿 CAD 二次开发技术教程

出版发行	冶金工业出版社	电 话	(010)64027926
地　　址	北京市东城区嵩祝院北巷 39 号	邮 编	100009
网　　址	www.mip1953.com	电子信箱	service@ mip1953.com

责任编辑 高　娜 美术编辑 彭子赫 版式设计 郑小利
责任校对 李 娜 责任印制 禹 蕊
三河市双峰印刷装订有限公司印刷
2022 年 4 月第 1 版，2022 年 4 月第 1 次印刷
787mm×1092mm 1/16；13.75 印张；330 千字；207 页
定价 39.00 元

投稿电话 (010)64027932 投稿信箱 tougao@cnmip.com.cn
营销中心电话 (010)64044283
冶金工业出版社天猫旗舰店 yjgycbs.tmall.com
（本书如有印装质量问题，本社营销中心负责退换）

前　　言

随着智能化和数字化技术的发展，CAD 及有关技术在矿山领域的应用越来越广泛。本书与《采矿 CAD 技术教程》一书可以说是姊妹书或者说是上下部。《采矿 CAD 技术教程》主要讲解采矿 CAD 绘图技术、Mining-CAD 软件在露天矿及地下矿设计中的应用、采矿图框绘制等；本书主要讲授矿山数字化技术、AutoCAD 平台下 LISP 程序设计及 VBA 应用程序开发等，并配有"矿山巷道断面设计及工程量计算""矿山地表曲面模型构建及方量计算"两个采矿 CAD 二次开发应用案例。两书可以配套使用，效果更好。

本书由西安建筑科技大学资源工程学院李角群、聂兴信、李迎峰、程平等同志共同合作编写。全书共分 10 章，其中：第 1 章为矿山数字化技术概论，由李角群、李迎峰、任金斌编写；第 2 章主要介绍了 AutoCAD 平台下高级绘图技巧，由聂兴信、孙锋刚、薛涛编写；第 3 章介绍了 AutoCAD 平台下 LISP 程序设计，由聂兴信、洪勇、张遵毅编写；第 4 章为 AutoCAD 平台下 VBA 应用程序开发，由李角群、李迎峰、程平编写；第 5 章为 VBA 语言基础，由李角群、郭进平、洪勇编写；第 6 章为 AutoCAD 对象模型的创建和编辑，由李角群、聂兴信、江松编写；第 7 章为人机交互与选择集，由李角群、洪勇、阮顺领编写；第 8 章为扩展数据与操作，由李角群、李迎峰、汪朝编写；第 9 章和第 10 章为矿山巷道断面设计及工程量计算、矿山地表曲面模型构建及方量计算两个案例，由李角群、洪勇、孙锋刚、汪朝编写。西北大学城市与环境学院的孙皓参与了第 1 章、第 6 章、第 7 章内容的编写，河南坤垚建筑工程有限公司的杨瑞华参与了第 2 章、第 3 章内容的编写。书中部分图形由马义洁、艾维茜、郭雅婷、马菁遥、王哲等研究生帮助整理。全书由聂兴信统稿。

感谢西安建筑科技大学资源工程学院为本书出版提供了经费支持。

由于作者水平有限，加之时间仓促，书中难免有不足之处，恳请广大读者给予批评指正。

聂兴信

2022 年 1 月于西安

目　　录

1 矿山数字化技术概论

在一些矿业发达国家，矿山自动化、数字化建设已经成为必然趋势。我国一些装备水平较高的矿山，自动化、数字化建设也已成为一项重要内容。因此，矿山数字化技术是采矿工程专业学生需要学习和研究的重要内容。

数字矿山建设没有统一的标准和模式，它随着现代信息技术、自动化技术的发展进步而日趋更新。本课程的教学目的就是结合采矿专业知识，使同学们能够在理解矿山数字化技术基础上，学习并掌握基于 AutoCAD 的二次开发技术，完成矿山数字化中地质资源、采矿设计及生产计划的信息化，为今后工作打下技术基础。

通过本章的学习，应掌握以下内容：

(1) 数字矿山概念；

(2) 矿山数字化层次；

(3) 矿山地质资源信息化内容。

1.1 数 字 矿 山

1.1.1 数字地球

1998 年，时任美国副总统戈尔最先提出"数字地球"的概念。戈尔在《数字地球：二十一世纪认识地球的方式》中，以一种科幻的方式将数字地球表述为：设想一个小女孩来到数字地球陈列室，当她戴上"头盔显示器"，她将看到就像是出现在空中的地球。使用"数据手套"，她开始放大景物，伴随越来越高的分辨率，她会看到大洲，随之是区域、国家、城市，最后是房屋、树木以及其他各种自然和人造物体。

在发现自己特别感兴趣的某地块时，她可乘上"魔毯"，即地面三维图像显示去深入查看。使用"声音识别装置"，小女孩还可以询问有关土地覆盖、植物和动物种类分布、实时气候、道路等方面信息。

"数字地球"包括三个重要的组成部分：信息的获取、信息的处理、信息的应用。从本质上说，"数字地球"不是一个孤立项目，而是一项整体性的、导向性的国家战略目标。

1.1.2 数字矿山

数字矿山（digital mine，DM）是数字地球（digital earth，DE）的理念、原理及技术在矿山领域中的具体应用和延伸。

具体来说，数字矿山是数字地球理念及技术在矿山勘探、开发及矿山管理中的具体应用，是一种未来矿山的崭新体系。

学术界对数字矿山给予很大期望，数字矿山被赋予了神圣的使命："构建数字矿山，以信息化、自动化和智能化带动采矿业的改造与发展，开创安全、高效、绿色和可持续的矿业发展新模式，是中国矿业生存与发展的必由之路。"

（1）数字矿山概念。不同学者对数字矿山概念的表达也不尽相同，综合矿业发达国家矿山信息化建设不同的战略设想，对数字矿山的概念较为一致的表述分为以下几个不同的层次：

1）矿山数字化信息系统；

2）远程遥控和自动化采矿（也称无人开采/智能采矿）；

3）智慧矿山。

数字矿山是建立在矿山数字化基础上，能够完成矿山企业所有信息精准实时采集、网络化传输、规范化集成、可视化展现、自动化操作和智能化服务的数字智慧体。

（2）数字矿山特点。与数字地球相似，数字矿山是矿业发展目标和方向，而不是一项具体工程。在宏观上具有整体目标一致性、多行业部门相关性，在微观上具有资源不确定性及开采技术差异性和复杂性。

1）整体目标一致性。目标追求是矿山能够高效、安全、低成本生产，矿产资源得到最优开发，并与生态环境保护相协调。

2）与多行业部门有很强的相关性。从地质勘探、规划设计，到矿山生产经营、管理决策，都要体现数字矿山技术应用。

3）数字矿山最大技术难点在于资源对象的不确定性，很难进行精确的量测与控制，从而导致开采技术差异性和复杂性。

（3）数字矿山理论基础。数字矿山是个复杂系统，涉及众多理论基础，并且多学科交叉：

1）系统工程学和信息工程学；2）数字地质学及岩石力学理论；3）现代采矿学；4）机械工程学、机器人与自动化理论；5）无线电通信理论、空间信息理论；6）自动定位与导航理论；7）检测监控理论；8）工程管理科学、运筹学与控制论。

1.2　矿山数字化技术

矿山数字化技术按矿山应用功能可分为三类：矿山信息化技术、生产自动化技术和决策智能化技术。

（1）矿山信息化技术。矿山信息化技术主要解决地质资源数字化、生产设计最优化以及生产管理信息化三个方面数字化问题。其中地质资源数字化是矿山企业的基础，体现矿山存在的价值，在资源的不同勘察阶段所投入的技术手段也各不相同。总的来说，矿山信息化技术主要包括：1）遥感技术；2）地质雷达技术；3）航测技术；4）激光雷达技术；5）可视化建模技术；6）地质统计学估值技术；7）设计优化技术；8）管理信息化技术。

（2）生产自动化技术。与矿山信息化技术相比，生产自动化技术更偏重与硬件的结合。以信息采集板、摄像头、GPS接收与发射、遥控操作台等硬件装置为依托，通过网络数据传输、软件控制完成生产中设备运行自动化。生产自动化技术主要包括：

1）数据采集技术；2）网络传输技术；3）检测监控技术；4）GPS定位技术；5）遥控驾驶技术。

（3）决策智能化技术。在矿山信息化、生产自动化的基础上，生产经营管理及企业决策成为必然的需求。决策智能化技术主要体现在系统数据的整体性和规范性，依据企业本身资源及市场变化，经过数据挖掘分析，为企业制定出优秀的经营策略。决策智能化技术体现在日常经营管理及企业发展决策分析两个方面，主要包括：1）ERP经营管理技术；2）大数据决策技术。

1.3　矿山数字化技术应用

目前矿山数字化技术比较多，同一种技术可应用在不同作业中，比如GPS既可以用于运输系统也可以用于边坡监测。下面列出不同作业环节所对应的矿山数字化技术。

（1）勘探：遥感、地质雷达等技术；

（2）测量：航测、无人机、激光雷达、测量机器人、摄影测量等技术；

（3）设计：可视化建模、优化设计等技术；

（4）露天矿运输系统：GPS、信息采集、矿床模型、动态规划等技术；

（5）露天矿穿孔装载：GPS、传感器数据采集、矿床模型等技术；

（6）排土场尾矿库监测：GPS、传感器数据采集、激光雷达等技术；

（7）地下矿六大系统：漏泄同轴电缆、Wi-Fi、ZigBee等技术；

（8）地下矿凿岩、装药、支护、装卸：远程遥控、无人开采等技术；

（9）运输、通风、提升：自动化、远程遥控等技术。

1.4　矿山数字化层次分析

总的来说，矿山数字化分为数据信息化、设备自动化、决策智能化三个层面，它们之间既有紧密相关性，又有一定的独立性。可以将它们进一步分解为五个层面（见表1-1），认清层次关系，更有利于我国矿山数字化发展。

表1-1　数字化内容

序　号	数字化层次	数字化内容	最终目标
1	地质资源数字化	开采对象数字化	
2	设计计划最优化	开采方式数字化	
3	生产过程自动化	开采过程数字化	智能矿山
4	经营管理协同化	经营过程数字化	
5	决策支持智能化	决策过程数字化	

（1）地质资源数字化。针对地质资源数据，采用适合的软件平台，将地质数据整理计算，并可视化显示。地质资源是变化的，因此优秀的地质资源数字化必须支持方便、快

速的动态更新。地质资源数字化主要内容有：1）地质数据库的建立与更新；2）矿床模型的建立与三维可视化；3）资源/储量计算与品位估计；4）矿山地矿工程三维可视化；5）矿山岩石力学特性的数字化。

（2）设计计划最优化。开采设计是否最优直接影响矿山企业未来的经济效益，因此设计最优的开采方案是非常重要的。在设计中需要多个方案进行比较，在技术可行条件下，选取经济效益最大化方案。在生产中制定的短期计划同样要进行优化选取，在确保矿山长期开采前提下，选择当前生产效益最优方案计划。设计计划最优化主要内容有：1）开采方案的最优化与可视化仿真；2）开采设计的数字化与最优化；3）生产规划、中长期计划优化及可视化展示；4）生产作业计划的动态、可视化；5）生产能力最优配比与矿石质量均衡。

（3）生产过程自动化。矿山生产过程中管控水平是决定计划执行效果的保证，是企业效益最优化的主要支持。管控信息应及时回馈给设计计划系统，以帮助设计计划系统及时调整最优方案。生产过程自动化主要内容有：1）提升、运输、通风、排水、供电、供风、充填系统自动化；2）人员、设备定位系统自动化；3）地下通信系统（语音、视频、信号）自动化；4）地下生产过程监控系统自动化；5）卡车调度系统自动化。

（4）经营管理协同化。经营管理数字化、协同化是以成本分析与控制为核心进行规划，主要包括全面预算管理、材料消耗管理、人力资源管理、全员目标管理、成本分析控制等几个方面的内容。业务协同的关键在于业务流程优化与信息资源规划（IRP），目前被普遍认知的"信息孤岛"正是业务协同管理意识欠缺所产生的表象。经营管理协同化主要内容有：1）管理信息系统（MIS）；2）办公自动化系统（OA）；3）企业资源规划系统（ERP）。

（5）决策支持智能化。数字化的最终目的，是为各级管理人员提供所需要的决策支持。决策支持智能化主要内容有：1）矿山数据仓库与数据更新；2）矿山数据挖掘与知识发现；3）监测数据可视化与空间分析；4）生产经营过程的综合查询；5）企业经营诊断与经济活动分析；6）信息综合服务与决策支持。

综上所述，我国矿山数字化建设与国外有着显著的不同，在信息化普遍应用之前，进行了部分生产过程自动化，以及经营、管理、决策方面的实践。也就是说，硬件系统、自动控制系统、网络系统等可以快速与国际接轨，而专业软件系统、系统集成、规划设计、经营管理理念都需提升。

因此，矿山行业特有的地质资源数字化、设计计划最优化还是我们的短板，目前国外有成熟的软件产品，国内产品还在研发和完善中。在信息技术领域，既懂矿山技术又懂信息技术的复合型人才缺乏，需要培养一批专业的复合型人才，所以这也是高校开展此类课程的意义所在。

———— 本 章 小 结 ————

本章主要介绍了数字矿山和矿山数字化技术涵盖内容，以及矿山数字化技术的具体应用与数字化层次分析。通过本章学习，读者应当了解矿山数字化技术的概况，以及矿山数字化技术的具体应用实例，还应对矿山数字化层次分析有清晰的认识。

习　题

1-1　简述数字矿山概念。

1-2　简述矿山数字化技术分类。

1-3　详细介绍矿山数字化层次分析的内容。

1-4　了解矿山数字化技术应用现状。

2 AutoCAD 平台下高级绘图技巧

AutoCAD 显著特点之一就是它不仅具有强大的图形绘制与编辑功能，而且体系结构开放，允许用户对其进行定制与开发。因此，用户可以根据需要扩展 AutoCAD 的功能，甚至将其开发成专用软件。正是由于 AutoCAD 这一显著特点，其广泛应用于工程设计的各个领域。

通过本章学习，应该掌握以下内容：

（1）样板图形文件的使用；

（2）系统菜单文件修改；

（3）acad. pgp 文件的定义及使用；

（4）各种不同类型文件的定义及调用。

2.1　样板图形文件的使用

（1）样板图形文件的使用。通过"选项"对话框，"文件"选项卡，左窗格树形结构中找到"样板图形文件位置"，如图 2-1 所示。样板图形文件的选择如图 2-2 所示。

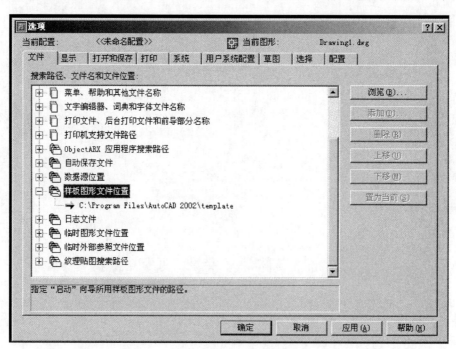

图 2-1　样板图形文件位置

图 2-2　样板图形文件的选择

（2）使用样板图形文件的意义。使用样板图形文件的意义在于为图形的绘制输出提供了一个标准图纸空间，如图 2-3 所示。样板图形文件中具体内容可自行编辑设置。

ltemref	Quantity	Title/Name,designation,material,dimension etc		Article No./Reference	
Designed by ×××	Checked by ×××	Approved by-date ×××–00/00/00	Filename ×××	Date 00/00/00	Scale 1:1
×××			×××		
			×	Edition 0	Sheet 1/1

图 2-3　标准图纸空间

2.2　系统变量的设置及修改方法

AutoCAD 将操作环境和一些命令的设置（或值）存储在系统变量中。每个系统变量都有一定的类型：整数、实数、点、开关或字符串。可以通过直接在命令行输入系统变量名检查任意系统变量的值和修改可写系统变量的值，或者通过使用 SETVAR 命令或 AutoLISP 的 getvar 和 setvar 函数来实现。很多系统变量还可通过对话框选项访问。

要访问系统变量列表，需在"帮助"窗口的"内容"选项卡上单击"系统变量"旁边的加号"＋"。

（1）修改系统变量设置的步骤：

在命令提示下，输入系统变量名称。例如，输入 gridmode 来修改栅格设置。

要更改 GRIDMODE 的状态，输入 1 打开或输入 0 用于关闭。要保留系统变量的当前值，按 ENTER 键。

（2）查看系统变量的完整列表的步骤：

在命令提示下，输入"setvar"。

在"变量名称"提示下，输入"?"。

在"输入要列出的变量"的提示下，按 ENTER 键。

命令行：SETVAR。

2.3 AutoCAD 的主要支持文件

AutoCAD 可自定义的支持文件及说明见表 2-1，文件开发可实现的开发内容和文件类型见表 2-2。

表 2-1 AutoCAD 可自定义的支持文件及说明

可自定义的支持文件	文 件 说 明
＊.ahp	AutoCAD 帮助文件。相关的帮助索引文件的扩展名为 .hdx
asi.ini	数据库连接的转换映射文件
＊.dcl	AutoCAD 对话框控制语言（DCL）程序文件
＊.lin	AutoCAD 线型定义文件
＊.lsp	AutoLISP 程序文件
＊.mln	复合线库文件
＊.mnl	AutoCAD 菜单使用的 AutoLISP 例行程序。MNL 文件必须和它所支持的 MNU 文件同名
＊.mns	AutoCAD 生成的菜单源文件。包含定义 AutoCAD 菜单的命令字符串和宏语法
＊.mnu	AutoCAD 菜单源文件。包含定义 AutoCAD 菜单的命令字符串和宏语法
＊.pat	AutoCAD 填充的案定义文件
acad.pgp	AutoCAD 程序参数文件。包含外部命令和命令别名的定义
fontmap.ps	AutoCAD 字体映射文件。由 PSIN 使用，是 AutoCAD PostScript_解释器能识别的全部字体的目录
acad.psf	AutoCAD PostScript 支持文件，PSOUT 和 PSFILL 命令的主要支持文件
acad.rx	列出启动 AutoCAD 时加载的 ObjectARX 应用程序
＊.scr	AutoCAD 脚本文件。脚本文件包含一组 AutoCAD 命令，其运行方式与批处理文件相似
＊.shp	AutoCAD 形序体定义文件。编译后形序体文件的扩展名为 .shx
acad.unt	AutoCAD 单位定义文件。包含进行单位换算所需的数据

表 2-2　AutoCAD 文件开发可实现的开发内容和文件类型

文件类型	开　发　内　容
acad . pgp	AutoCAD 命令的用户化，包含定义外部命令和命令别名
*. scr	AutoCAD 脚本文件，一个脚本文件包含了作为批处理的 AutoCAD 命令序列
*. sld	建立用户的幻灯片
*. slb	建立用户的幻灯片库
acad . lin *. lin	修改标准线型，建立用户自定义线型及线型库
acad . pat *. pat	修改标准扩充图案，建立用户自定义图案及图案库
acad . shp *. shp	建立用户的自定义符号库和自定义字体文件
*. mnu *. mns	定制用户的自定义菜单文件（包括下拉菜单、工具栏菜单、图像菜单、屏幕菜单等）以及状态栏
*. htm *. html	定义符合自己需要和习惯的上网模块

2.4　acad. pgp 文件的定义及使用

用户可以定义在 AutoCAD 中运行的外部命令，还可以创建程序参数文件 acad. pgp（一种存储命令定义的 ASCII 文件）中 AutoCAD 命令的命令别名。

AutoCAD 的（acad. pgp）文件的内容可以分成 3 部分：注释、外部命令和命令的别名。acad. pgp 文件的注释可以包含任何数目的注释行，并且可以出现在文件中的任何地方。每一个注释行必须以分号（;）开头（这是注释行的标记）。如：

;Examples of external commands for command windows

外部命令包括：

（1）Command Name（命令名）。

（2）OS Command Name（操作系统命令名）。

（3）Bit flag（位标记）。

（4）Command Prompt（命令提示）。

了解常用的直接从 AutoCAD 图形编辑器中启动外部命令时所用的名称。

;Examples of external commands for command windows

GOWORDPAD,START WORDPAD,1,　　装载 WORDPAD 程序

GOEXCEL,START EXCEL,1,　　　　 装载 EXCEL 程序

CD,CHKDSK,8,　　　　　　　　　 执行 CHKDSK 命令

FMAT,FORMAT,8,　　　　　　　　 执行 FORMAT 命令

命令别名：AutoCAD 提供了一个用来缩写命令的工具，用户可以通过在 AutoCAD 命令别名项中定义别名，把经常使用的 AutoCAD 命令简化成缩写形式，通过 AutoCAD 的

acad. pgp 文件来实现。

命令别名项的定义格式如下。

<命令别名>,* <命令名>

（1）命令别名：即命令的缩写，用户在"Command："提示符下输入的内容。

（2）命令名：AutoCAD 的命令，需要在其前面加一个星号。

如：将"L"定义成"LINE"的别名，将"C"定义成"CIRCLE"的别名，将"CH"定义成"PROPERTIES"的别名等。

```
C,        * CIRCLE
CH,       * PROPERTIES
CHA,      * CHAMFER
...
L,        * LINE
LA,       * LAYER
-LA,      * LAYER
LE,       * QLEADER
LEN,      * LENGTHEN
LO,       * -LAYOUT
LS,       * LIST
...
```

命令别名命名的基本规则如下。

（1）优先考虑采用命令名的首字母、前两个或前 3 个字符作为命令别名。为便于记忆和联想，根据它们使用的频繁程度，决定采用首字母、前两个或前 3 个字符作为命令别名，但最好不要轻易改动 acad. pgp 文件中已定义的别名。

（2）通过加前缀"-"来区分命令行和对话框命令。

当对 acad. pgp 文件做一些改动后，需要重新初始化 acad. pgp 文件。重新初始化 acad. pgp 文件。

方法 1：退出 AutoCAD，然后重新启动进入。

方法 2：使用 AutoCAD 的 REINIT 命令重新初始化 acad. pgp 文件。

当用户输入不常用的命令时，AutoCAD 将在 acad. pgp（AutoCAD support 文件夹中用于存储命令定义的文件）中查找该命令。acad. pgp 的第一部分定义了外部命令。使用记事本或任何以 ASCII 格式保存文件的文本编辑器，用户可以编辑 acad. pgp 以添加命令定义。要打开 PGP 文件，请在"工具"菜单上，单击"自定义""编辑自定义文件""程序数"（acad. pgp）。注意编辑 acad. pgp 之前，需要先创建备份，以便将来需要时恢复。常用的 acad. pgp 文件包括对象特性、绘图、修改、视窗缩放、尺寸标注类等命令。

2.4.1　对象特性

ADC，* ADCENTER（设计中心"Ctrl + 2"）

CH, MO * PROPERTIES（修改特性"Ctrl + 1"）

VA，* MATCHPROP（属性匹配）

ST，* STYLE（文字样式）

COL，＊COLOR（设置颜色）

LA，＊LAYER（图层操作）

LT，＊LINETYPE（线形）

LTS，＊LTSCALE（线形比例）

LW，＊LWEIGHT（线宽）

UN，＊UNITS（图形单位）

ATT，＊ATTDEF（属性定义）

ATE，＊ATTEDIT（编辑属性）

BO，＊BOUNDARY（边界创建，包括创建闭合多段线和面域）

AL，＊ALIGN（对齐）

EXIT，＊QUIT（退出）

EXP，＊EXPORT（输出其他格式文件）

IMP，＊IMPORT（输入文件）

OP，PR＊OPTIONS（自定义CAD设置）

PRINT，＊PLOT（打印）

PU，＊PURGE（清除垃圾）

R，＊REDRAW（重新生成）

REN，＊RENAME（重命名）

SN，＊SNAP（捕捉栅格）

DS，＊DSETTINGS（设置极轴追踪）

OS，＊OSNAP（设置捕捉模式）

PRE，＊PREVIEW（打印预览）

TO，＊TOOLBAR（工具栏）

V，＊VIEW（命名视图）

AA，＊AREA（面积）

DI，＊DIST（距离）

LI，＊LIST（显示图形数据信息）

2.4.2 绘图命令

PO，＊POINT（点）

L，＊LINE（直线）

XL，＊XLINE（射线）

PL，＊PLINE（多段线）

ML，＊MLINE（多线）

SPL，＊SPLINE（样条曲线）

POL，＊POLYGON（正多边形）

REC，＊RECTANGLE（矩形）

Q，＊CIRCLE（圆）

A，＊ARC（圆弧）

DO，＊DONUT（圆环）

EL，＊ELLIPSE（椭圆）

REG，＊REGION（面域）

MT，＊MTEXT（多行文本）

TT，＊MTEXT（多行文本）

B，＊BLOCK（块定义）

I，＊INSERT（插入块）

W，＊WBLOCK（定义块文件）

DIV，＊DIVIDE（等分）

H，＊BHATCH（填充）

2.4.3　修改命令

C，＊COPY（复制）

CO，＊COPY（复制）

MI，＊MIRROR（镜像）

AR，＊ARRAY（阵列）

O，＊OFFSET（偏移）

RO，＊ROTATE（旋转）

M，＊MOVE（移动）

E，DEL 键＊ERASE（删除）

X，＊EXPLODE（分解）

T，＊TRIM（修剪）

TR，＊TRIM（修剪）

EX，＊EXTEND（延伸）

S，＊STRETCH（拉伸）

LEN，＊LENGTHEN（直线拉长）

SC，＊SCALE（比例缩放）

BR，＊BREAK（打断）

F，＊CHAMFER（倒角）

FQ，＊FILLET（倒圆角）

PE，＊PEDIT（多段线编辑）

ED，＊DDEDIT（修改文本）

2.4.4　视窗缩放

P，＊PAN（平移）

Z＋空格＋空格，＊实时缩放

Z，＊局部放大

Z＋P，＊返回上一视图

Z＋E，＊显示全图

2.4.5 尺寸标注

DLI， ＊DIMLINEAR （直线标注）

DAL， ＊DIMALIGNED （对齐标注）

DRA， ＊DIMRADIUS （半径标注）

DDI， ＊DIMDIAMETER （直径标注）

DAN， ＊DIMANGULAR （角度标注）

DCE， ＊DIMCENTER （中心标注）

DOR， ＊DIMORDINATE （点标注）

TOL， ＊TOLERANCE （标注形位公差）

LE， ＊QLEADER （快速引出标注）

DBA， ＊DIMBASELINE （基线标注）

DCO， ＊DIMCONTINUE （连续标注）

D， ＊DIMSTYLE （标注样式）

DED， ＊DIMEDIT （编辑标注）

DOV， ＊DIMOVERRIDE （替换标注系统变量）

2.5　形文件的定义与调用

"标准批处理检查器"可以核查一系列图形违反标准的情况，并创建一个基于 XML 的详细说明全部违例的概要报告。要使用"标准批处理检查器"，首先必须创建一个标准的检查文件，用以指定待核查的图形以及验证这些图形的标准文件。

"标准批处理检查器"包含以下选项卡：（1）图形；（2）标准；（3）插入模块；（4）注释；（5）进度。

"标准批处理检查器"工具栏还包含其他选项：（1）核查当前图形违反标准的情况；（2）打开或关闭被忽略问题的显示；（3）启动"标准批处理检查器"；（4）为"标准批处理检查器"创建标准检查文件的步骤；（5）打开现有标准检查文件的步骤；（6）为标准检查文件指定标准替代的步骤；（7）核查图形集违反标准情况的步骤；（8）向批处理报告添加注释的步骤；（9）查看上一次生成的批处理核查报告的步骤。

2.6　线型文件的定义与调用

2.6.1　关于线型文件

AutoCAD 线型文件扩展名为＊.lin。AutoCAD 默认线型文件为 acad.lin 和 acadiso.lin，默认安装在 AutoCAD 安装目录下的 Support 文件夹下。用户也可自行编辑线型文件，方法是用记事本（文件扩展名为＊.txt）新建一个文本文档，将线型代码编辑好之后，保存文件并将扩展名改为＊.lin，然后将其复制到 AutoCAD 安装目录下的 Support 文件夹下，再用 LINETYPE 命令调出线型管理器，将编辑好的线型文件进行加载，即可以使用。

2.6.2　简单线型的定义方法

简单线型代码分为两行，第一行为线型名称和可选说明，第二行是定义实际线型图案的代码。第二行必须以字母 A（对齐）开头，其后是一列图案描述符，用于定义提笔长度（空移）、落笔长度（划线）和点。通过将分号（；）置于行首，可以在 LIN 文件中加入注释，注释内容仅起到对代码说明的作用，不参与 CAD 绘图工作。线型定义的格式为

  * linetype_name,description

  A,descriptor1,descriptor2,...

其中：* 为标示符号，它表示一种线型定义的开始，第一行必须以"*"开头；linetype_name 为线型名称；description 为线型描述；A 为对齐字段，第二行必须以"A"开头；descriptor1、descriptor2 为图案描述代码。

例如：

  * DASHDOT,Dash dot ____ . ____ . ____ . ____ . ____ . ____ . ____ .

  A,.5,−.25,0,−.25

（1）"DASHDOT"为该线型名称；

（2）"Dash dot ____ . ____ . ____ . ____ . ____ ."是对 DASHDOT 线型的描述，增加该线型的可读性，以便用户进行调用；

（3）"A"为该线型的对齐方式，表示对齐字段；

（4）".5"即 0.5，将绘制 0.5 个图形单位的实线；

（5）"−.25"即 −0.25，绘制 0.25 个图形单位空格（提笔，不进行绘制）；

（6）"0"绘制一个点；

（7）"−.25"再绘制 0.25 个图形单位空格。

CAD 重复上述（4）到（7）步骤的操作，即将得到如下图形：

____ . ____ . ____ . ____ . ____ .

注意事项：

（1）线型名称字段以星号（*）开头，并且应该为线型提供唯一的描述性名称，可用中文进行描述。

（2）线型说明有助于用户在编辑 LIN 文件时更直观地了解线型。该说明还显示在"线型管理器"以及"加载或重载线型"对话框中。说明是可选的，可以包括使用 ASCII 文字对线型图案的简单表示及中文说明。如果要省略说明，请勿在线型名称后面使用逗号。说明不能超过 47 个字符。

（3）对齐字段（A）指定了每个直线、圆和圆弧末端的图案对齐操作。当前，AutoCAD 仅支持 A 类对齐，用于保证直线和圆弧的端点以划线开始和结束。例如，假定创建名为 CENTRAL 的线型，该线型显示重复的点划线序列（通常用作中心线）。AutoCAD 调整每条直线上的划点序列，使划线与直线端点重合。图案将调整该直线，以便该直线的起点和终点至少含有第一段划线的一半。如果必要，可以拉长首段和末段划线。如果直线太短，不能容纳一个划点序列，AutoCAD 将在两个端点之间绘制一条连续直线。对于圆弧也是如此，调整图案以便在端点处绘制划线。圆没有端点，但是 AutoCAD 将调整划点序列，使其显示更加合理。用户必须在对齐字段中输入 a 以指定 A 类对齐。

（4）图案描述符中每个图案描述符字段指定用来弥补由逗号（禁用空格）分隔的线型的线段长度：正十进制数表示相应长度的落笔（划线）线段；负十进制数表示相应长度的提笔（空移）线段；划线长度为 0 将绘制一点。每种线型最多可以输入 12 种划线长度规格，但是这些规格必须在 LIN 文件的一行中，并且长度不超过 80 个字符。用户只需包含一个由图案描述符定义的线型图案的完整循环体。绘制线型后，AutoCAD 将使用第一个图案描述符绘制开始和结束划线。在开始和结束划线之间，从第二个划线规格开始连续绘制图案，并在需要时以第一个划线规格重新开始图案。A 类对齐要求第一条虚线的长度为 0 或更长（落笔线段）。需要提笔线段时，第二条划线长度应小于 0；要创建连续线型时，第二条划线长度应大于 0。A 类对齐至少应具有两种划线规格。

2.6.3　带文本字符串的线型

线型中可以包含字体中的字符。包含嵌入字符的线型可以表示实用程序、边界、轮廓等等。指定顶点时将动态绘制直线，就像使用简单线型一样。嵌入直线的字符始终完整显示，不会被截断。嵌入的文字字符与图形中的文字样式相关。加载线型之前，图形中必须存在与线型相关联的文字样式。包含嵌入字符的线型格式与简单线型格式类似，因为它是一列由逗号分隔的图案描述符。字符描述符格式在线型说明中添加文字字符的格式如下所示：

["text",textstylename,scale,rotation,xoffset,yoffset]

其中："text"为 CAD 线型中包含的文本内容，需放在英文双引号内；textstylename 为文本字体格式；scale 为文本缩放比例；rotation 为文本旋转角度；xoffset 为 X 方向偏移量；yoffset 为 Y 方向偏移量。

例如：

*HOT_WATER_SUPPLY,----HW----HW----HW----HW----HW----

A,.5,-.2,["HW",STANDARD,S=.1,R=0.0,X=-0.1,Y=-.05],-.2

（1）"HOT_WATER_SUPPLY"为该线型名称；

（2）"----HW----HW----HW----HW----HW----"是对 HOT_WATER_SUPPLY 线型的描述，增加该线型的可读性，以便用户进行调用；

（3）"A"为该线型的对齐方式，表示对齐字段；

（4）".5"即 0.5，将绘制 0.5 个图形单位的实线；

（5）"-.2"即-0.2，绘制 0.2 个图形单位空格（提笔，不进行绘制）；

（6）"["HW", STANDARD, S=.1, R=0.0, X=-0.1, Y=-.05]"绘制"HW"文本，文本字体为 STANDARD，缩放比例为 0.1，相对旋转角度为 0°，X 方向偏移量为-0.1，Y 方向偏移量为-0.05；

（7）"-.2"再绘制 0.2 个图形单位空格。

CAD 重复上述（4）到（7）步骤的操作，即将得到如下图形：

----HW----HW----HW----HW----HW----

注意事项：

（1）text 文本必须是在线型中使用的字符。

（2）text style name 必须是 AutoCAD 安装目录下文字样式的名称。如果未指定文字样式，AutoCAD 将使用当前定义的样式。

（3）scale，S＝值。必须用于文字样式的缩放比例与线型的比例相关。文字样式的高度需乘以缩放比例。如果高度为 0，则"S＝值"的值本身用作高度。

（4）rotation，R＝值（相对旋转）或 A＝值（绝对旋转）。R＝指定相对于直线的相对或相切旋转。A＝指定文字相对于原点的绝对旋转；即所有文字不论其相对于直线的位置如何，都将进行相同的旋转。可以在值后附加 d 表示度（度为默认值），附加 r 表示弧度，或者附加 g 表示百分度。如果省略旋转，则相对旋转为 0。旋转是围绕基线和实际大写高度之间的中点进行的。

（5）xoffset，X＝值。文字在线型的 X 轴方向上沿直线的移动。如果省略 xoffset 或者将其设置为 0，则文字将没有偏移，并且会变得复杂。使用该字段控制文字与前面提笔或落笔笔画间的距离。该值不能按照"S＝值"定义的缩放比例进行缩放，但是它可以根据线型进行缩放（随线型比例缩放）。

（6）yoffset，Y＝值。文字在线型的 Y 轴方向垂直于该直线的移动。如果省略 yoffset 或者将其设置为 0，则文字将没有偏移，并且会变得复杂。使用此字段控制文字相对于直线的垂直对齐。该值不能按照 S＝值定义的缩放比例进行缩放，但是它可以根据线型进行缩放（随线型比例缩放）。

2.6.4　带形的复杂线型

复杂线型可以包含嵌入的形（保存在形文件中）。复杂线型可以表示实用程序、边界和轮廓等。与简单线型一样，指定端点后可以动态地绘制复杂线型。直线中嵌入的形和文字对象总是完整显示，从来不会被截断。复杂线型的语法与简单线型的语法类似，都是一列以逗号分隔的图案描述符。除了点划线描述符之外，形和文字对象也可作为复杂线型的图案描述符。线型说明中的形对象描述符的语法如下所示：

　　　　　［shapename，shxfilename］或［shapename，shxfilename，transform］

其中：shapename 为形状图块的形状名称，它存于 shxfilename（＊.shx）文件中；shxfilename 为 ＊.shx 格式文件的文件名；transform 为缩放（S＝值）、旋转（R＝值）、X 方向偏移量（X＝值）和 Y 方向偏移量（Y＝值）。transform 是可选的，可以是下列等式的任意序列（每个等式前都带有逗号）：

　　　　　　　　　R＝##　相对旋转
　　　　　　　　　A＝##　绝对旋转
　　　　　　　　　S＝##　比例
　　　　　　　　　X＝##X　偏移
　　　　　　　　　Y＝##Y　偏移

在此语法中，##表示带符号的十进制数（如 1、-17、0.01 等），旋转单位为度，其他选项的单位都是线型比例的图形单位。上述 transform 字母，使用时后面必须跟上等号和数值。

以下线型定义用于定义名为 CON1LINE 的线型，该线型由一条直线段、一个空格和来自"ep.shx"文件的嵌入形 CON1 这一重复图案构成。（请注意，必须将"ep.shx"文件放在支持路径中才能使以下样例正常运行。）

　　　　＊CON1LINE，---［CON1］---［CON1］---［CON1］
　　　　A，1.0，-0.25，［CON1，ep.shx］，-1.0

除了方括号中的代码以外，所有内容都与简单线型的定义一致。如上所述，总共有六个字段可用于将形定义为线型的一部分。前两个是必须的，位置固定；后四个是可选的，次序可变。以下两个样例展示了形定义字段中的不同条目。

$$[CAP, ep. shx, S = 2, R = 10, X = 0.5]$$

上述代码对形文件 ep. shx 中定义的形 CAP 进行变换。在变换生效之前，将该形放大两倍，沿逆时针方向切向旋转 10°，并沿 X 方向平移 0.5 个图形单位。

$$[DIP8, pd. shx, X = 0.5, Y = 1, R = 0, S = 1]$$

上述代码对形文件 pd. shx 中定义的形 DIP8 进行变换。在变换生效之前，将该形沿 X 方向平移 0.5 个图形单位，沿 Y 方向上移一个图形单位，不作旋转，并且保持与原形大小相等。下面的语法把形定义为复杂线型的一部分：

$$[shapename, shapefilename, scale, rotate, xoffset, yoffset]$$

语法中字段的定义如下所示：

（1）shapename 是要绘制的形的名称。必须包含此字段。如果省略，则线型定义失败。如果指定的形文件中没有 shapename，则继续绘制线型，但不包括嵌入的形。

（2）shapefilename 是编译后的形定义文件（SHX）的名称。如果省略，则线型定义失败。如果 shapefilename 未指定路径，则从库路径中搜索此文件。如果 shapefilename 包括完整的路径，但在该位置未找到该文件，则截去前缀，并从库路径中搜索此文件。如果未找到，则继续绘制线型，但不包括嵌入的形。

（3）scale，S = value。形的比例用作比例因子，与形内部定义的比例相乘。如果内部定义的形比例为 0（零），则 S = value 单独用作比例。

（4）rotate，R = value 或 A = value。R = 指定相对于直线的相对或切向旋转。A = 指定形相对于原点的绝对旋转。所有的形都作相同的旋转，而跟其与直线的相对位置无关。可以在值后附加 d 表示度（如果省略，度为默认值），附加 r 表示弧度，或者附加 g 表示百分度。如果省略旋转，则相对旋转为 0。

（5）xoffset，X = value。形相对于线型定义顶点末端在 X 轴方向上所作的移动。如果省略 xoffset 或者将其设置为 0，则形不作偏移。如果要得到用形构成的连续直线，请使用此字段。该值不会按照 S = 定义的缩放比例进行缩放。

（6）yoffset，Y = value。形相对于线型定义顶点末端在 Y 轴方向上所作的移动。如果省略 yoffset 或者将其设置为 0，则形不作偏移。该值不会按照 S = 定义的缩放比例进行缩放。

2.7 图案填充文件的定义与调用

在绘制图形时经常会遇到这种情况，比如绘制物体的剖面或断面时，需要使用某一种图案来充满某个指定区域，这个过程就叫做图案填充（hatch）。图案填充经常用于在剖视图中表达对象的材料类型，从而增加了图形的可读性。

acad. pat 文件和 acadiso. pat 文件提供了标准填充图案库。用户可以直接使用已有的填充图案，也可以对它们进行修改或创建自己的自定义填充图案。

AutoCAD 提供的填充图案保存在 acad. pat 和 acadiso. pat 文件中。用户可以在该文件中添加填充图案定义，也可以创建自己的文件。无论将定义存储在哪个文件中，自定义填充图案都具有相同的格式。即包括一个带有名称（以星号开头，最多包含 31 个字符）和可选说明的标题行：

> ∗ pattern-name, description

还包括一行或多行如下形式的说明：

> angle, x-origin, y-origin, delta-x, delta-y, dash-1, dash-2, …

"边界图案填充"对话框中显示的默认填充图案 ANSI31 定义为：

> ∗ ANSI31, ANSI Iron, Brick, Stone masonry
>
> 45, 0, 0, 0, . 125

在第一行中，图案名称是 ∗ ANSI31，其后是说明：ANSI Iron，Brick，Stone masonry。这种简单的图案定义指定以 45°角绘制直线，填充线族中的第一条线经过图形原点（0，0），并且填充线之间的间距为 0. 125 个图形单位。

2. 7. 1　填充图案定义遵循规则

图案定义中的每一行最多可以包含 80 个字符。可以包含字母、数字和以下特殊字符：下划线（_）、连字号（－）和美元符号（＄）。但是，图案定义必须以字母或数字开头，而不能以特殊字符开头。

AutoCAD 将忽略空行和分号右边的文字。

每条图案直线都被认为是直线族的第一个成员，是通过应用两个方向上的偏移增量生成无数平行线来创建的。

增量 x 的值表示直线族成员之间在直线方向上的位移，它仅适用于虚线。

增量 y 的值表示直线族成员之间的间距，也就是到直线的垂直距离。

直线被认为是无限延伸的。虚线图案叠加于直线之上。

图案填充的过程是将图案定义中的每一条线都拉伸为一系列无限延伸的平行线。所有选定的对象都被检查是否与这些线中的任意一条相交；如果相交，将由填充样式来控制填充线的打开和关闭。生成的每一族填充线都与穿过绝对原点的初始线平行从而保证这些线完全对齐。

如果要创建的图案填充密度过高，AutoCAD 可能拒绝此图案填充并显示指示填充比例太小或虚线长度太短的信息。可以通过使用 SETENV 设置 MaxHatch 系统注册表变量来更改填充线的最大数目。

2. 7. 2　包含虚线的填充图案

要定义虚线图案，用户可以在直线定义项目末尾加上虚线长度项目。每个虚线长度项目都指定组成直线的线段的长度。如果长度为正值，则将绘制落笔线段。如果长度为负值，则线段为提笔段，并且无法绘制。图案的第一条线段从原点开始，后面的线段是以循环方式继续。划线长度为 0，则绘制一点。每条图案直线上最多可以指定六个划线长度。

"边界图案填充"对话框中显示的填充图案 ANSI33 定义为：

> ∗ ANSI33, ANSI Bronze, Brass, Copper

45, .176776695,0,0, .25, .125, -.0625

例如，要将图案修改为45°的直线，绘制长度为0.5个单位，并且间距也为0.5个单位的虚线，则直线定义为：

＊DASH45，Dashed lines at 45 degrees

45,0,0,0, .5, .5, -.5

这与填充图案定义概述中显示的45°图案一样，但末尾加上了虚线规格。落笔长度为0.5个单位，提笔长度为0.5个单位，符合规定的目标。如果要绘制0.5个单位的划线、0.25个单位的空移、一个点、0.25个单位的空移以及下一划线，则定义为

＊DDOT45，Dash-dot-dash pattern：45 degrees

45,0,0,0, .5, .5, -.25,0, -.25

下例显示了虚线族上增量 x 规格的效果。首先考虑以下定义：

＊GOSTAK

0,0,0,0, .5, .5, -.5

这样可以绘制一系列直线，其间距为0.5个单位，且每条直线都等分为划线和空移。由于增量 x 为零，所以每条直线上的划线都是齐平的。

将图案更改为：

＊SKEWED

0,0,0, .5, .5, .5, -.5

这个定义除了将增量 x 设置为0.5以外，与上一个定义完全一样。这将使每个连续的族成员沿直线方向（本例中为与 X 轴平行）偏移0.5个单位。由于直线是无限延伸的，因此虚线图案也将随之滑过指定的长度。

2.7.3 包含多条直线的填充图案

并非所有填充图案都使用原点（0，0）。复杂的填充图案可以使用距离该原点有一定偏移的原点，并且可以包含多个直线族成员。构造较为复杂的图案时，需要谨慎地指定起点、偏移和每个直线族的虚线图案，以便正确构造填充图案。"边界图案填充"对话框中显示的默认填充图案 ANSI31 表示如下。

其定义为（图案包含多条直线）：

＊AR-B816，8x16 Block elevation stretcher bond

0,0,0,0,8

90,0,0,8,8,8, -8

下面显示了成倒U形的图案（向上画一条线，横着画一条线，然后向下画一条线）。每隔一个单元重复一次图案，每个单元的高度和宽度都是0.5。此图案的定义为：

＊IUS，Inverted U＇s

90,0,0,0,1, .5, -.5

0,0, .5,0,1, .5, -.5

270, .5, .5,0,1, .5, -.5

第一条线（向上的直线）是简单的虚线，其原点为（0,0）。第二条线（顶部横线）应该从向上的直线的终点开始，因此其原点为（0,0.5）。第三条线（向下的直线）必须从顶部横线的终点开始，其相对于图案的第一个实例的坐标为（0.5,0.5），因此该点就

是其原点。图案的第三条线可以定义为：

　90, .5,0,0,1, .5, −.5 或 270, .5,1,0,1, −.5, .5

虚线图案从原点开始，并按指定的角度向矢量方向延伸。因此，成反向 180°的两族虚线是不一样的。而两族实线是一样的。

以下图案创建了六点星形，此样例有助于提高图案定义方面的技能。以下是 AutoCAD对此图案的定义（提示：0.866 是 60°的正弦值）：

　＊STARS, Star of David

0,0,0,0, .866, .5, −.5

60,0,0,0, .866, .5, −.5

120, .25, .433,0, .866, .5, −.5

2.8　菜单文件的定义与调用

菜单文件是 AutoCAD support 文件夹中的文本文件，它定义了用户界面的大部分内容。可以修改菜单文件或创建新的菜单文件，用于向菜单（包括快捷菜单、图像控件菜单和数字化仪菜单）和工具栏添加命令或宏、为定点设备上的按钮指定命令以及创建和修改快捷键。

2.8.1　菜单文件概述

2.8.1.1　菜单文件介绍

菜单文件是一种 ASCII 文本文件，其组成部分定义了用户界面（命令行除外）各部分（例如下拉菜单、工具栏和定点设备上的按钮）的功能。

默认的菜单文件是 acad. mnu。可以在 support 文件夹中找到该文件，并在记事本中打开该文件以查看完整菜单文件的外表特征。要打开菜单文件，请在"工具"菜单上单击"自定义""编辑自定义文件""当前菜单"。

可以创建或修改菜单文件以执行以下操作：

（1）添加或更改菜单（包括快捷菜单、图像控件菜单和数字化仪菜单）和工具栏；

（2）为定点设备上的按钮指定命令；

（3）创建和修改快捷键；

（4）添加工具栏提示；

（5）在状态行上提供帮助文字。

例如，要添加新菜单，可以修改 acad. mnu 的相应部分并以新名称保存，或者创建新的菜单文件。

2.8.1.2　菜单文件结构

菜单文件包括若干部分。第一部分始终是 menugroup 部分，它是菜单文件指定唯一的菜单组名。菜单组名是一个最多可包含 32 个字母、数字、字符的字符串，不能包含空格和标点符号。

后续部分定义了 AutoCAD 界面的特定区域，并包含通常由名称标记、标签和菜单宏组成的菜单项。关于各部分的特定信息，请参见相应部分的主题。

菜单文件的各部分由使用格式 *** section_name 的部分标签进行标识。多个按钮部分、辅助部分、弹出部分和数字化仪部分均被编号，例如 *** POP5。菜单文件标签与用户界面区域的对应关系见表2-3。

表2-3　菜单文件标签与用户界面区域的对应关系

部分标签	用户界面区域
*** MENUGROUP	菜单组名
*** BUTTONSn	定点设备按钮菜单
*** AUXn	系统定点设备菜单
*** POPn	下拉菜单和快捷菜单
*** TOOLBARS	工具栏定义
*** IMAGE	图像控件菜单
*** SCREEN	屏幕菜单
*** TABLETn	数字化仪菜单
*** HELPSTRINGS	当亮显下拉菜单或快捷菜单项时，或者当光标位于工具栏按钮上时，显示状态栏中的文字
*** ACCELERATORS	快捷键（或加速键）定义

菜单文件中无需包含每个可能的菜单部分。建议创建小菜单文件，以便在需要时加载和卸载（使用 MENULOAD 和 MENUUNLOAD 命令）。使用较小的文件能够更好地控制系统资源，并且更容易进行自定义。

2.8.1.3　菜单项

对于所有使用菜单项的菜单部分，用于创建菜单项的语法均相同。每个菜单项可以包括名称标记、标签和菜单宏（有些部分不使用名称标记，也有些部分不使用标签）。

（1）名称标记：用于标识菜单项。菜单项名称标记是包含字母数字和下划线（_）字符的字符串，可以唯一地标识菜单组中的项目。

（2）标签：用于定义显示给用户的内容。标签包含在方括号（［和］）中。

（3）菜单宏：用于定义菜单项执行的操作。菜单宏也可以定义工具栏按钮的外观和位置等项目。菜单宏可以是用于完成某项任务的按键的简单记录，也可以是命令和编程代码的复杂组合。

菜单项通常占据菜单文件的一行，并具有以下格式：

name_tag label menu_macro

在下例的弹出部分中，ID_Quit 是名称标记。标签［Exit］用于在菜单中显示"退出"。选定此菜单项时，菜单宏^C^C_quit 将取消所有正在运行的命令，并启动 QUIT 命令。

ID_Quit［Exit］^C^C_quit

2.8.1.4　菜单项标签

对于各菜单部分，菜单项标签的格式和用法各不相同。没有用于显示信息的界面的菜单部分（例如按钮部分、辅助部分和数字化仪部分）不需要标签；但标签可以用于这些部分中的内部注解。表2-4 说明了菜单文件的不同部分中菜单项标签的使用方法。

表 2-4　菜单文件的菜单项标签的用途

菜单部分	标　签　的　用　途
POPn	定义下拉菜单和快捷菜单的内容和格式
TOOLBARS	定义工具栏名称、状态（浮动或固定以及隐藏或可见）和位置；还定义各个按钮及其特性
IMAGE	定义图像控件菜单中显示的文字和图像
SCREEN	定义屏幕菜单中显示的文本
HELPSTRINGS	定义与弹出部分和工具栏部分中菜单项相关的状态行帮助
ACCELERATORS	将键盘操作与菜单宏关联

2.8.1.5　菜单宏

菜单宏用于定义选中某个菜单项时要执行的操作。可以使用命令、特殊字符和 DIESEL 或 AutoLISP 编程代码创建菜单宏。要在菜单项中包含命令，则必须知道每个命令的提示序列和默认选项。

2.8.2　加载和卸载菜单文件

菜单文件必须先加载至程序中才能使用。

启动 AutoCAD 时，基本菜单将自动加载。在 AutoCAD 中，默认的基本菜单文件是 acad.mnu，它位于 AutoCAD support 文件夹中。如果要修改默认菜单或创建要用作基本菜单的新菜单文件，可以使用 MENU 进行加载。再次启动 AutoCAD 时，新的基本菜单将会自动加载。

局部菜单是指加载基本菜单后加载的任何菜单文件。可以使用 MENULOAD 和 MENUUNLOAD 加载和卸载执行 AutoCAD 任务过程中所需的局部菜单。

任何菜单文件均可用作基本菜单或局部菜单，但是建议将包含大多数部分的菜单文件用作基本文件，并根据需要加载其他较小的菜单文件。

（1）加载菜单文件。可以使用 MENULOAD 和 MENUUNLOAD 命令加载和卸载局部菜单，并在菜单栏中添加或删除各个下拉菜单。

AutoCAD 将最后加载的基本菜单的名称存储在系统注册表中。此名称也随图形而保存，但它只用于向后兼容。启动 AutoCAD 时，系统将加载最后使用的基本菜单。

（2）更改或删除菜单。频繁更改菜单栏的内容可能导致内容混乱。除非系统明确请求，否则建议用户不要更改菜单栏的外观。例如，如果某用户要卸载应用程序，该应用程序专门引用的菜单也可能被删除。

要完全重新初始化菜单，请执行 MENULOAD 命令并在"菜单自定义"对话框中选择"全部替换"，删除当前加载的所有局部菜单。此操作步骤删除所有局部菜单及其关联的标记定义，相当于在"选项"对话框的"文件"选项卡中指定一个新菜单文件。

（3）恢复或替换菜单。用户可以为完成某些任务使用自定义菜单，同时轻松地保留标准菜单。要加载自定义菜单，请在"选项"对话框的"系统"选项卡中，在"菜单文件"旁边输入自定义菜单名称。

当使用 MENULOAD 或 MENUUNLOAD 命令改变加载的菜单或自定义带有弹出菜单和工具栏菜单的菜单栏时，所作更改被保存到注册表中。下次启动 AutoCAD 时，上次加载的菜单和菜单栏配置被恢复。最多可以加载和卸载 8 个局部菜单和 16 个弹出菜单。

2.8.3 菜单文件的使用

在命令行利用"MENU"命令可以打开选择菜单文件对话框，调用菜单文件。用户也可以修改菜单文件或自定义菜单文件。菜单文件的调用如图 2-4 所示。

图 2-4　菜单文件的使用

2.8.4 用户自定义菜单文件

菜单文件的自定义过程如图 2-5 所示。用户自定义菜单文件示例：

*** POP0

** SNAP

// Shift-right-click if using the default AUX2 and/or BUTTONS2

// menus.

　　　　　［对象捕捉光标菜单(&O)］

ID_Tracking　　　［临时追踪点(&K)］_tt

ID_From　　　　　［自(&F)］_from

ID_MnPointFi　　［->点过滤器(&T)］

ID_PointFilx　　［. X］. X

ID_PointFily　　［. Y］. Y

ID_PointFilz　　［. Z］. Z

　　　　　　　　　［--］

ID_PointFixy　　［. XY］. XY

ID_PointFixz　　［. XZ］. XZ

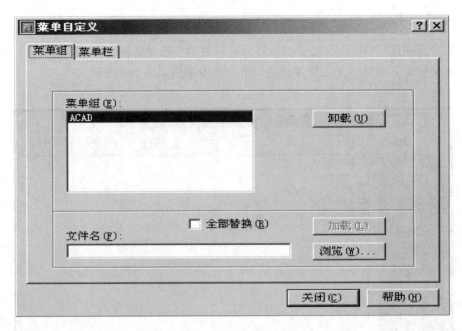

图 2-5　自定义菜单文件

ID_PointFiyz 　　［ < -. YZ］. YZ
　　　　　　　　　［ -- ］
ID_OsnapEndp 　［端点 (&E)］_endp
ID_OsnapMidp 　［中点 (&M)］_mid
ID_OsnapInte 　　［交点 (&I)］_int
ID_OsnapAppa 　［外观交点 (&A)］_appint
ID_OsnapExte 　　［延长线 (&X)］_ext
　　　　　　　　　［ -- ］
ID_OsnapCent 　　［圆心 (&C)］_cen
ID_OsnapQuad 　［象限点 (&Q)］_qua
ID_OsnapTang 　［切点 (&G)］_tan
　　　　　　　　　［ -- ］
ID_OsnapPerp 　　［垂足 (&P)］_per
ID_OsnapPara 　　［平行线 (&L)］_par
ID_OsnapNode 　　［节点 (&D)］_nod
ID_OsnapInse 　　［插入点 (&S)］_ins
ID_OsnapNear 　　［最近点 (&R)］_nea
ID_OsnapNone 　［无 (&N)］_non
　　　　　　　　　［ -- ］
ID_Osnap 　　　　［对象捕捉设置 (&O)…］ ' _ + dsettings 2

*** POP1
** FILE

```
ID_MnFile        ［文件(&F)］
ID_New           ［新建(&N)…\tCtrl + N]^C^C_new
ID_Open          ［打开(&O)…\tCtrl + O]^C^C_open
ID_DWG_CLOSE     ［关闭(&C)]^C^C_close
ID_PartialOp     ［$(if,$(eq,$(getvar,fullopen),0),,~)局部加载(&L)]^C^C_partialload
                 ［--］
ID_Save          ［保存(&S)\tCtrl + S]^C^C_qsave
ID_Saveas        ［另存为(&A)…]^C^C_saveas
ID_ETransmit     ［电子传递(&T)…]^C^C_etransmit
ID_Publish       ［网上发布(&W)…]^C^C_publishtoweb
ID_Export        ［输出(&E)…]^C^C_export
                 ［--］
ID_PlotSetup     ［页面设置(&G)…]^C^C_pagesetup
ID_PlotMgr       ［打印机管理器(&M)…]^C^C_plottermanager
ID_PlotStyMgr    ［打印样式管理器(&Y)…]^C^C_stylesmanager
ID_Preview       ［打印预览(&V)]^C^C_preview
ID_Print         ［打印(&P)…\tCtrl + P]^C^C_plot
                 ［--］
ID_MnDrawing     ［->图形实用程序(&U)］
ID_Audit         ［核查(&A)]^C^C_audit
ID_Recover       ［修复(&R)…]^C^C_recover
                 ［--］
ID_BupdateA      ［更新块图标(&U)]^C^C_blockicon
                 ［--］
ID_Purge         ［<-清理(&P)…]^C^C_purge
ID_SendMail      ［发送(&D)…］
ID_Props         ［图形属性(&I)…]^C^C_dwgprops
                 ［--］
ID_MRU           ［绘图历史］
                 ［--］
ID_APP_EXIT      ［退出(&X)]^C^C_quit
```

─────── **本 章 小 结** ───────

本章主要介绍了 AutoCAD 平台下高级绘图技巧，在设计工程图时，用户可以利用 Au-toCAD 的形功能定义各种常用的符号，将需要的形插入图形中。AutoCAD 为用户提供了不同的线型和用于填充的图案以及丰富的菜单主控界面和高效快捷的工具栏，相关的文件定义及调用方法都需要读者掌握。

习　题

2-1　在图层特性管理器中不可以设定哪项？（　　）

　　A. 颜色　　　　　　　　B. 页面设置　　　　　　C. 线宽　　　　　　　　D. 是否打印

2-2　样板文件的扩展名是（　　）。

　　A. BAK　　　　　　　　B. SVS　　　　　　　　C. DWT　　　　　　　　D. DWG

2-3　在命令行中输入"Z"后，再输入选项"A"，起什么作用？（　　）

　　A. 在图形窗口显示所有的图形对象和绘图界限范围

　　B. 恢复前一个视图

　　C. 显示所有在绘图界限范围内的图形对象

　　D. 显示绘图界限范围

2-4　绘制多段线的快捷键是（　　）。

　　A. l　　　　　　　　　　B. pl　　　　　　　　　C. ml　　　　　　　　　D. a

2-5　对于编辑好的标注是否可以保存？（　　）

　　A. 可以　　　　　　　　B. 不可以

2-6　绘制以下图形：

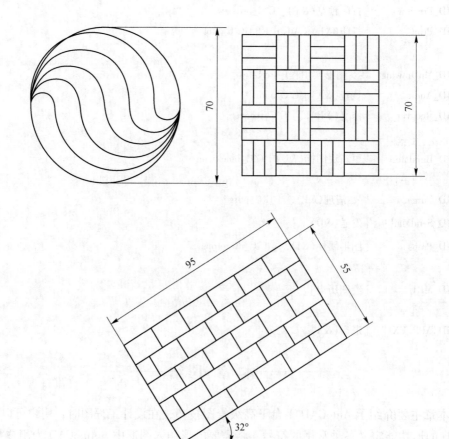

3 AutoCAD 平台下 LISP 程序设计

AutoLISP 是基于 LISP 发展起来的，内嵌在 AutoCAD 内部。使用 AutoLISP 可直接调用全部 AutoCAD 的命令，因而它成为 AutoCAD 系统二次开发的基本工具。而 Visual LISP (VLISP) 语言不仅为 AutoLISP 语言增加了许多重要的功能，而且代表着 AutoCAD 系统的下一代开发工具。作为开发工具，VLISP 提供了一个完整的集成开发环境（IDE），包括编译器、调试器和其他工具，可以提高自定义 AutoCAD 的效率。

通过本章的学习，应该掌握以下内容：

（1）AutoLISP 基础；

（2）AutoLISP 内部函数；

（3）AutoLISP 程序设计方法和技巧。

3.1 AutoLISP 语言概述

LISP (list processing language) 是人工智能领域中广泛采用的一种程序设计语言，为表处理语言，主要用于人工智能（AI）、机器人、专家系统、博弈、定理证明等领域。LISP 最初是作为书写字符与表的递归函数的形式出现的，也被称为符号式语言。

LISP 语言的发展经历了如下几个时期：

（1）酝酿时期（1956~1958 年），这个时期形成了 LISP 的基本思想。

（2）实现与运用时期（1958~1962 年），这个时期的发展基本上是单线的。

（3）"百家争鸣"时期（1962~1984 年），在这个时期 LISP 的发展呈现多样化，形成了多种 LISP 语言，支持 LISP 的机器也越来越多。

（4）标准化时期（1984 年~），LISP 语言进入了标准化时代。

AutoLISP 语言是由 Autodesk 公司为二次开发 AutoCAD 而专门设计的编程语言，它起源于 LISP 语言，并嵌入在 AutoCAD 内部，是 LISP 语言与 AutoCAD 有机结合的产物。

使用 AutoLISP 语言几乎可以直接调用所有的 AutoCAD 命令。AutoLISP 语言既具有一般高级语言的基本结构和功能，又具有一般高级语言所没有的强大图形处理功能，是当今世界上 CAD 软件中被广泛采用的语言之一。

AutoLISP 语言最典型的应用之一就是实现参数化绘图程序设计，包括尺寸驱动程序和鼠标拖动程序等，另一个典型应用就是驱动利用 AutoCAD 提供的 PDB 模板构成 DCL (dialog control language) 文件，创建自己的对话框。

3.2 AutoLISP 的语法结构

AutoLISP 重要的语法结构包括以下 13 项规则：

规则 1：AutoLISP 以括号组成表达式，左右括号一定要配对，内部的字符串双引号也要对称配对。

规则 2：表达式格式为（函数名　操作数 1　操作数 2　操作数 3）。

规则 3：表达式中的操作数，可以是另一个表达式或子程序，即表达式可以嵌套。

规则 4：多重括号的表达式运算次序是：由内向外、由左到右。

规则 5：以文件格式存在的 autolisp 程序，扩展名必须为".lsp"。

规则 6：autolisp 编写环境只要是 ASCII 文件的文本编辑软件都可。

规则 7：可用功能函数 defun 来定义新的命令或新的功能函数。其格式为：

（defun 函数名（引用数/局部变量）

　程序内容

　　　）

其中引用数/局部变量可省略。

规则 8：新定义的功能函数若名称为 C：函数名，则此函数可作为 AutoCAD 的新命令使用。

如有程序：

（defun C：TT（引用数/局部变量）

　程序内容

　　　）

则加载此程序后，在 AutoCAD 命令行直接输入"TT"就可调用自定义的命令"TT"。

规则 9：加载 AutoLISP 程序的方法是：直接在命令行输入（load "Lsp 主文件名"）。如上例保存为 D：\ LISP \ 88.lsp，而当前的工作目录为 C：\ AutoCAD \ sqjuan。则加载 AutoLISP 程序 TT 的方法有：

方法一：单击菜单"工具"→"选项…"在"文件"选项卡中的"支持文件搜索路径"到 D：\ LISP 然后在 AutoCAD 命令行直接输入（load "88"）。

方法二：在 AutoCAD 命令行输入（load "D：\ LISP \ 88"）

加载成功后，命令行将出现提示："C：TT"，然后直接输入"TT"，则即可执行新命令 TT。

规则 10：为了增加程序的可读性，可为程序加批注，在 AutoLISP 语言中所有"；"后的内容均为批注内容，程序不加以处理。

规则 11：使用 setq 功能函数为变量设置值。如（setq a 34）表示将 34 赋给变量 a 即 a = 34。

规则 12：在 AutoCAD 中要查看某一个变量的值，则在命令行输入"! 变量名"即可；要查看变量 a 的值，则在命令行输入"! a"，返回 34。

规则 13：在（defun C：函数名（引用数/局部变量））程序中，如变量在/的左边则该变量为"全局变量"，否则为"局部变量"。全局变量与局部变量的区别是：

全局变量：此程序执行完后，变量的值仍存在。

局部变量：此程序执行完后，变量的值已消失。

默认的都是全局变量，如规则 11 中的变量 a。

3.3　AutoLISP 的数据类型与基本运算

3.3.1　AutoLISP 语言数据类型

AutoLISP 语言常用数据类型有如下几种。

（1）整数（INT）。整数是由数字与正负号组成，不含小数点。对于正数，+可以省略。AutoLISP 整数是 32 位带符号的数，其取值范围为 $-2147483648 \sim +2147483647$，如超出此范围，计算机将提示操作错误。

注意：在实际应用中，若设计和计算的结果超过 AutoLISP 语言的整数范围时，可改用实数。

（2）实数（REAL）。实数是带小数点的数，AutoLISP 支持双精度实数，并且至少有 14 位精度。在 -1 到 1 之间的实数必须以前导 0 开始，否则 AutoLISP 解释器会显示错误信息 "error：misplaced dot on input"。实数可用科学计数法表示，如 0.12×10^{19} 可以表示为 $0.12E+19$（或 $0.12e+19$）。

注意：双精度实数有效位可达 16 位，但实际中用 14 位，这里是考虑误差的因素，而 AutoLISP 指令行响应的一般为 6 位有效数字。

（3）字符串（STR）。字符串是包含在双引号内的一组字符组成的，如 "ABC" "135" "AB c"。字符串可以包括任何可以打印的字符，也可以是任意长度，但字符串常量的最大长度为 132。字符串中字母的大小写及空格都是有效字符。如果字符串没有任何字符，则为空串。

字符串中可以包含 ASCII 码，AutoLISP 允许以 "\ nnn" 方式输入 ASCII 字符，其中 nnn 为字符的八进制 ASCII 码。

（4）表（LIST）。在 AutoLISP 语言中，表作为一种基本的数据类型，有如下特点：

1）表示放在一对相匹配的左、右圆括号中一个或多个元素的有序集合。

2）表中的任意一个字符都可以是任何类型的符号表达式，既可以是数字、符号、字符串，也可以是表。

3）表中元素与元素之间至少用一个空格隔开，而元素与括号之间不设空格。

4）表可以任意嵌套，表也可以嵌套很多层依次从外向里排序。

5）表中的元素是有顺序的，从左向右，第一个元素的序号为 0。

6）表中顶层元素的个数称为表的长度。没有任何元素的表称为空表。空表用（ ）或 NIL 表示。在 AutoLISP 语言中，NIL 是一个特殊的符号原子，它既是原子又是表。

（5）文件描述符（FILE）。文件描述符为一个指向用 AutoLISP 函数打开文件的指针。它被别的文件读写函数用作变量来跟踪磁盘上文件的物理位置。

（6）选择集（PICKSET）。选择集是包含一个或多个实体的组。可以通过 AutoLISP 程序建立选择集、向指定的选择集添加或移除图形对象，通过选择集对其内指定的成员进行访问或编辑。

（7）实体名（ENAMFE）。实体名是实体在图形中被分配的一个数字标签。它实际上是一个指向 AutoCAD 所维护的文件指针，AutoLISP 可以通过它找到该实体的数据记录。

3.3.2 AutoLISP 语言基本运算

AutoLISP 语言基本运算有如下几种。

（1）加法。格式如下所示：

（＋num1 num2 num3…）

此函数（＋）计算加号右边所有数字的和。这些数字可以是整数或实数。如果均为整数，则和为整数；如果均为实数，则和为实数。但是如果既有整数又有实数，则和为实数。如下所示，在前两个例子中，所有数字均为整数，所以结果是整数。在第三个例子中，一个是实数（50.0），故结果为实数。

示例：

Command：（＋2 5）返回 7

Command：（＋2 30 4 50）返回 86

Command：（＋2 30 4 50.0）返回 86.0

（2）减法。格式如下所示：

（－ num1 num2 num3…）

此函数（－）从第一个数中减去第二个数（num1 － num2）。如果多于两个数，就用第一个数字减去其后所有数字的和［num1 －（num2 ＋num3…）］。在下面的第一个例子中，28 减去 14 后返回 14。因为两个数均为整数，结果亦为整数。在第三个例子中 20 与 10.0 相加，并用 50 减去两数的和（30.0），返回一个实数 20.0。

示例：

Command：（－ 28 14）返回 14

Command：（－ 25 7 11）返回 7

Command：（－ 50 20 10.0）返回 20.0

Command：（－ 20 30）返回 － 10

Command：（－ 20.0 30.0）返回 － 10.0

（3）乘法。格式如下所示：

（＊ num1 num2 num3…）

此函数（＊）计算乘号右边所有数字的乘积（num1 × num2 × num3…）。若均为整数，它们的乘积亦为整数；若其中含有一个实数，乘积即为实数。

示例：

Command：（＊ 2 5）返回 10

Command：（＊ 2 5 3）返回 30

Command：（＊ 25 3 2.0）返回 150.0

Command：（＊ 2 － 5.5）返回 － 11.0

Command：（＊ 2.0 － 5.5 － 2）返回 22.0

（4）除法。格式如下所示：

（／ num1 num2 num3…）

此函数（／）用第一个数除以第二个数。如果多于两个数，就用第一个数除以其后所有数的乘积［num1／（num2 × num3 × …）］。在下面的第四个例子中，用 200 除以 5.0 与 4

的乘积 [200/(5.0×4)]。

示例：

Command：(/ 30) 返回 30

Command：(/ 3 2) 返回 1

Command：(/ 3.0 2) 返回 1.5

Command：(/ 200.0 5.0 4) 返回 10.0

Command：(/ 200 -5) 返回 -40

Command：(/ -200 -5.0) 返回 40.0

（5）增量数字编辑。格式如下所示：

(1+ number)

此函数（1+）使数字与 1（整数）相加，返回一个增加 1 的数。在下面的第二个例子中，1 与 -10.5 相加返回 -9.5。

示例：

(1+ 20) 返回 21

(1+ -10.5) 返回 -9.5

（6）减量数字编辑。格式如下所示：

(1- number)

此函数（1-）从数字中减去 1（整数），并返回一个减去 1 的数。在下面的第二个例子中 -10.5 减去 1 返回 -11.5。

示例：

(1- 10) 返回 9

(1- -10.5) 返回 -11.5

（7）绝对数字编辑。格式如下所示：

(abs num)

abs 函数返回一个数的绝对值。该数可以是整数或者实数。在下面的第二个例子中，由于 -20 的绝对值为 20，故函数返回 20。

(abs 20) 返回 20

(abs -20) 返回 20

(abs -20.5) 返回 20.5

（8）三角函数编辑。

1）sin 函数。格式如下所示：

(sin angle)

sin 函数计算一个角（以弧度表示）的正弦值。在下面的第二个例子中，sin 函数计算 Pi（180°）的正弦值并返回 0。

示例：

Command：(sin 0) 返回 0.0

Command：(sin Pi) 返回 0.0

Command：(sin 1.0472) 返回 0.866027

2）cos 函数。格式如下所示：

(cos angle)

cos 函数计算一个角（以弧度表示）的余弦值。在下面的第三个例子中，cos 函数计算 Pi（180°）的余弦值并返回 –1.0。

示例：

Command：（cos 0）返回 1.0

Command：（cos 0.0）返回 1.0

Command：（cos Pi）返回 –1.0

Command：（cos 1.0）返回 0.540302

3）atan 函数。格式如下所示：

（atan num1）

atan 函数计算数的反正切值，返回角度以弧度表示。下面的第二个 atan 函数计算 1.0 的反正切值并返回 0.785398（弧度）。

示例：

Command：（atan 0.5）返回 0.463648

Command：（atan 1.0）返回 0.785398

Command：（atan –1.0）返回 –0.785398

4）两个参数的 atan 函数。格式如下所示：

（atan num1 num2）

还可以在 atan 函数中再指定一个数。若指定了第二个数，函数将以弧度形式返回（num1/num2）的反正切值。在下面的第一个例子中，第一个数（0.5）除以第二个数（1.0），atan 函数计算商（0.5/1 = 0.5）的反正切值。

示例：

Command：（atan 0.5 1.0）返回 0.463648 弧度

Command：（atan 20 3.0）返回 0.588003 弧度

Command：（atan 2.0 –3.0）返回 2.55359 弧度

Command：（atan –2.0 3.00）返回 –0.5880033 弧度

Command：（atan –2.0 –3.0）返回 –2.55359 弧度

Command：（atan 1.0 0.0）返回 1.5708 弧度

Command：（atan –0.5 0.0）返回 –1.5708 弧度

（9）angtos 函数。格式如下所示：

（angtos angle［made［precision］］）

angtos 函数以字符串格式返回以弧度表示的角度值。字符串格式由 mode 和 precision 的设置决定。

示例：

Command：（angtos 0.588003 0 4）返回 "33.6901"

Command：（angtos 2.55359 0 4）返回 "145.3099"

Command：（angtos 1.5708 0 4）返回 "90.0000"

Command：（angtos –1.5708 0 2）返回 "270.00"

注意：在（angtos angle［mode［precision］］）中：angle 是以弧度表示的角度值。mode 是与 AutoCAD 系统变量 AUNITS 相对应的 angtos 模式。AutoCAD 中可用模式如表 3-1 所示。

表 3-1   AutoCAD 中 angtos 可用模式

angtos 模式	编辑格式
0	十进制角度
1	度/分/秒
2	梯度
3	弧度
4	测量单位

precision 是一个整数，用于控制小数的位数，与 AutoCAD 系统变量 AUPREC 相对应。其最小值为 0，最大值为 4。在上面的第一个例子中，angle 为 0.588003 弧度，mode 为 0（十进制角度），precision 为 4（小数点后有四位）。函数返回 33.6901。

（10）等于。格式如下所示：

（=atom1 atom2…）

该函数（=）检查两个元素是否相等。若相等，条件为真，函数返回 T。同样，若指定的元素不相等，条件为假，函数返回 nil。

示例：

（=5 5）返回 T

（=5 49）返回 nil

（=5.5 5.5 5.5）返回 T

（="yes""yes"）返回 T

（="yes""yes""no"）返回 nil

（11）不等于。格式如下所示：

（/=atom1 atom2…）

该函数（/=）检查两个元素是否不相等。若不相等，条件为真，函数返回 T。同样，若指定的元素相等，条件为假，函数返回 nil。

示例：

（/=50 4）返回 T

（/=50 50）返回 nil

（/=50 -50）返回 T

（/="yes""no"）返回 T

（12）小于。格式如下所示：

（<atom1 atom2…）

该函数（<）检查第一个元素（atom1）是否小于第 H 个元素（atomZ）。若为真，函数返回 T，否则返回 nil。

示例：

（<3 5）返回 T

（<5 3 4）返回 nil

（<"x""y"）返回 T

（13）小于等于。格式如下所示：

（<=atom1 atom2…）

该函数（<=）检查第一个元素（atom1）是否小于等于第二个元素（atom2），若是，函数返回 T，否则返回 nil。

示例：

（<=10 15）返回 T

（<="c""b"）返回 nil

（<=2.0 0）返回 T

（14）大于。格式如下所示：

（ > atom1 atom2…）

该函数（ > ）检查第一个元素（atom1）是否大于第二个元素（atom2）。若是，函数返回 T，否则返回 nil。在下面第一个例子中，15 大于 10，因此，关系表达式为真，且函数返回 T。在第二个例子中，10 大于 9，但 9 并不大于其后的 9，因此函数返回 nil。

示例：

（ > 15 10）返回 T

（ > 10 9 9）返回 nil

（ > "c" "b"）返回 T

（15）大于等于。格式如下所示：

（ > = atom1 atom2…）

该函数（ > = ）检查第一个元素（atom1）的值是否大于等于第二个元素（atom2）。若是，函数返回 T，否则返回 nil。在下面第一个例子中，78 大于 50，因此，函数返回 T。

示例：

（ > = 78 50）返回 T

（ > = "x" "y"）返回 nil

3.4　AutoLISP 的标准函数

AutoLISP 程序就是对一个一个函数的调用，所以 AutoLISP 语言又称为函数式语言（functional language）。函数就是 AutoLISP 语言处理数据的工具，学习掌握 AutoLISP 语言，核心就是掌握 AutoLISP 函数。AutoLISP 函数分为系统内部函数和用户自定义的外部函数，AutoLISP 掌握了大量的系统内部函数，以满足编程的需要。

3.4.1　AutoLISP 的基本函数

基本函数主要包括数值函数、赋值函数、求值函数与禁止求值函数、表处理函数、字符串处理函数、交互式输入函数、屏幕操作函数等。

3.4.1.1　数值函数

数值函数是 AutoLISP 语言最基本的函数之一，包括基本标准函数、三角函数，以及布尔操作函数。

（1）数值函数运算规则。

1）整整得整。例如，command：（/18 4 2）返回 2

2）实实得实。例如，command：（ ∗ 4.5 2.0）返回 9.0

3）整实得实。例如，command：（ + 6 4.2）返回 10.2

（2）三角函数。三角函数参数值的类型可以是实数型或整数型，返回值的类型总是实数型。参数［角度］必须用弧度，如（ / pi 6）或（ ∗ 0.017453 30）表示角度为30°时的弧度值。具体见表 3-2。

表 3-2 AutoCAD 中的三角函数

函 数 名	格 式	功 能
sin	（sin［角度］）	返回［角度］的正弦值
cos	（coc［角度］）	返回［角度］的余弦值
atan	（atan［数1］）	返回［数1］的反切值

（3）布尔函数。

1）（LOGAND < 整数 > < 整数 > …）。例如，（LOGAND 7 15 3）返回 3

2）（LOGIOR < 整数 > < 整数 > …）。例如，（LOGIOR 1 2 4）返回 7

3）（LSH < 整数 > < 次数 >）。例如，（LSH 2 1）返回 4，即 0010 向左移位 1 次，得 0100

3.4.1.2 赋值函数及禁止求值函数

AutoCAD 中的赋值函数及禁止求值函数见表 3-3。

表 3-3 AutoCAD 中的赋值函数及禁止求值函数

函数名	格 式	功 能
setq	（setq［变量1］［表达式1］…）	仅对表达式求值，并把表达式的值赋给前面的变量
set	（set［变量］［表达式］）	对变量和表达式分别求值，且变量的求值结果仍是变量，再将表达式的值赋给该变量
quote	（quote［表达式］）	阻止求值器对［表达式］求值，返回的是［表达式］
eval	（eval［表达式］）	对表达式的结果再求值，返回最后的求值结果

示例：

（setq x1 2.2 y1（ + x1 3.2））   返回：5.700

（setq x 2 y 4.0 pt（list x y））   返回：（2 4.000）

（quote（ + 6 5））   返回：（ + 6 5）

（eval "（ + 3 4）"）   返回："（ + 3 4）"

3.4.1.3 表处理函数

AutoCAD 中的表处理函数见表 3-4。

表 3-4 AutoCAD 中的表处理函数

函数名	格 式	功 能
car	（car［表］）	提取表中首元素并返回其值
cdr	（cdr［表］）	除去表中首元素并返回剩余的表
last	（last［表］）	提取表中末元素并返回其值
nth	（nth［n］［表］）	提取表中第 $n+1$ 个元素并返回其值

（1）调用 car 与 cdr 函数时，如果［表］是空表，则返回 nil；

（2）当用 cdr 函数处理点对表时，将返回点对表中的首元素；

（3）AutoLISP 接受 car 与 cdr 的任意组合，其深度最多为四级，组合形式的函数为：

cxr，cxxr，cxxxr，cxxxxr。如：cadr，caddr，cddaar。

示例：

（car '(x y z)）　　　　返回：X；　　（car '((a b (c) (d) 5)))　　返回：(A B (C))

（last '(a b c d)）　　返回：D；　　（nth 2 '(a b c d)）　　返回：C

3.4.1.4　字符串处理函数

AutoCAD 中的字符串处理函数见表 3-5。

表 3-5　AutoCAD 中的字符串处理函数

函数名	格　　式	功　　能
getstring	（getstring［选项］［提示］）	等待输入一个字符串，并返回字符串。［选项］为 T 是准许输入空格，为 NIL 不能输入空格
getkword	（getkword［提示］）	等待输入一个关键字，并返回关键的相应字串

3.4.1.5　交互式输入函数

AutoCAD 中的交互式输入函数见表 3-6。

表 3-6　AutoCAD 中的交互式输入函数

函数名	格　　式	功　　能
getint	（getint［提示］）	提示输入一个数，返回整数型
getreal	（getreal［ ］）	提示输入一个数，返回实数型
getdist	（getdist［ ］［ ］）	提示输入一个数或相对于基点定出
getpiont	（getpiont［ ］［ ］）	提示输入一个数或相对于基点定出
getcorner	（getcorner［ ］［ ］）	提示输入一个数或相对于基点定出
getangle	（getangle［ ］［ ］）	提示输入一个数或相对于基点定出

3.4.1.6　屏幕操作函数

（1）屏幕与文件的输出函数。

AutoCAD 中的屏幕与文件的输出函数见表 3-7。

表 3-7　AutoCAD 中的屏幕与文件的输出函数

函数名	格　　式	功　　能
print	（print［表达式］）	换行打印表达式的求值结果，后面加一空格
Prin1	（Prin1［表达式］）	不换行打印表达式的结果，后面不换行
princ	（princ［表达式］）	打印出的字符串不加引号，控制字符起作用
Write-char	（Write-char［数］）	将 ASCII 码数换为字符，并写出当前光标位置
Write-line	（Write-line［字符串］）	打印出的字符串不带引号，打印后换行

（2）只用于屏幕输出的函数。

1）Prompt 函数。

调用格式：（Promp［字符串］）

功能：将字符串打印在文本屏幕上，返回值为 NIL。

如：（Promp" \ 正在计算，稍等…"）

2）Terpri 函数。

调用格式：（Terpri）

功能：用于控制换，返回值为 NIL。

3.4.2 AutoLISP 的用户输入函数

3.4.2.1 gentangle

（1）功能：执行本函数时会暂停，让用户输入一个角度，将该角度转换成弧度后返回。

（2）格式：（gentangle［pt］［prompt］）。

（3）说明：通过录入一个以 AutoCAD 的现行角度单位格式表示的一个数，用户也可以指定一个角度。虽然现行角度单位格式可能是度、梯度或其他单位，但这个函数总是以弧度为单位返回角度值。通过在图形屏幕上指定两个 2D 的位置，用户也能为 AutoLISP 给出一个角度。AutoCAD 从第一点到现行十字光标上画出一条橡皮线，以帮助用户确定角度。

3.4.2.2 getlifiled

（1）功能：用标准的 AutoCAD 文件对话框界面，提示用户录入一个文件名，并返回这个被录入的文件名。

（2）格式：（getfiled title default ext flages）。

（3）说明：title 变元是一个字符串，用以指定对话框标题；default 指定要使用的一个隐含文件名（它也可以是一个空字符串（""）；ext 是隐含的文件的扩展名。如果 ext 变元传递的是一个空字符串（""），它隐含指出文件的扩展名是 * 9 即所有类型的文件）。如果文件类型 dwg 包含在 ext 变元中，则 getfiled 函数就会在对话框中显示出一个图形预览框。Flags 变元是一个整型值（一个位编码项），它控制对话框的行为。为了一次设置一个以上的条件，可以将 1，2，4，8 这几位值加在一起，生成一个大于 0 而小于 15 的标志值。

3.4.2.3 getkword

（1）功能：执行到本函数时，程序暂停下来让用户录入一个关键字，录入关键字后函数将它返回。

（2）格式：（getkword［prompt］）。

（3）说明：本函数可接受的有效关键字是在调用本函数（getkword）之前，由 initget 函数设置的。prompt 变元是一个可选的作为提示信息显示的字符串。getkword 函数以字符串的形式返回与用户的输入相匹配的关键字。如果用户输入不是一个关键字，则 AutoCAD 会让用户再来一次。如果用户输入为空，即按回车键，getkword 函数返回（如果空输入被允许）。如果在调用 getword 函数之前，没有调用 initget 函数确立一个或多个关键字，getkword 函数返回 nil。

3.4.3 条件函数

条件分支函数用于测试其表达式的值，然后根据其结果执行相应的操作。AutoLISP

提供了两个条件函数，即 If 与 COND 语句。使用它们可以控制程序的流向，实现分支结构。

3.4.3.1   If 函数

（1）调用格式：（If < 测试表达式 > < THEN 表达式 > ［< ELSE 表达式 >］）。

（2）功能：先对 < 测试表达式 > 进行求值，如果结果为非 nil，则执行 < THEN 表达式 >，并把其求值结果作为 If 函数的调用返回值；如果 < 测试表达式 > 的求值结果为 nil，且任选项 < ELSE 表达式 > 存在，则执行 < ELSE 表达式 >，且返回其求值结果。如果 < ELSE 表达式 > 不存在，则返回 nil。

如果 If 函数中的 < THEN 表达式 > 和 < ELSE 表达式 > 为多个表达式组成，必须用 progn 控制。

（progn < 标准表 > ...）函数按顺序对每个 < 标准表 > 进行求值，并返回最后那个 < 标准表 > 的值。例如：

```
(if( < =a b)(progn
(setq a ( + a 10))
(setq b ( – b 10))
)
)
```

比较：

```
(if ( < =a b)
            (setq a ( + a 10))
            (setq b ( – b 10))
)
```

3.4.3.2   cond 函数

（1）调用格式：

```
(cond( < 测试表达式 1 > < 结果 1 > )
( < 测试表达式 2 > < 结果 2 > )
            ...
[( < T > < 结果 n > )]
            )
```

（2）功能：自顶向下逐个测试每个条件分支。每个分支表仅第一个元素 < 测试表达式 > 被求值。如果求值中遇到了非 nil 的值，则立即执行该成功分支中的 < 结果 > 部分，后面的其他分支不再被求值，并把其逻辑上最后一个表达式的值作为结果返回。

（3）说明：

1）cond 函数取任意数目的表作为参数。每个表称为一个分支，每个分支中包含一个 < 测试表达式 >，也可能包括测试成功的 < 结果 > 部分。其中测试部分是一个 S 表达式，结果部分可以有多个 S 表达式。

2）如果所有分支的测试值都为 nil，或者一个分支也不存在，cond 函数则返回 nil。

3）如果成功的分支表中只有一个元素，即只有 < 测试表达式 > 而没有 < 结果 > 部分，那么 < 测试表达式 > 的值即为返回结果。

4）为了增强程序的易读性，一般在 cond 函数的最后一个分支表中用 T 作为测试式，它就好像一个收容器，凡是不能满足上面任一测试式的情况都收容在这个分支来执行（如打印考试成绩）。

cond 函数示例见图 3-1。

```
命令: (setq i 0.33)
0.33

命令: (setq n (cond ((<= i 1) 1)((<= i 2) 4)((<= i 3) 10)(t 100)))
1

命令: (setq i 5)
5

命令: (setq n (cond ((<= i 1) 1)((<= i 2) 4)((<= i 3) 10)(t 100)))
100

命令: (setq i 2.2)
2.2

命令: (setq n (cond ((<= i 1) 1)((<= i 2) 4)((<= i 3) 10)(t 100)))
10
```

图 3-1　cond 函数示例

3.4.4　循环函数

循环结构在 AutoLISP 程序中应用很广泛，所谓循环结构就是通过"测试—求值—测试"的方法，使一些表达式被重复执行，直到满足测试条件为止。AutoLISP 主要提供了两个具有明显测试条件的循环控制函数，即 while 与 repeat。还有一些函数并不具有明显测试条件，但函数内部也是在反复执行某个操作，如 foreach 与 mapcar 函数。

（1）（ -［number number］…）：此函数是将第一数减去第二数再返回其差值。如果所给定的 number 多于两项时，那么 AutoLISP 将由第一数减去第二数至最后一数为止，然后再返回其差值。若只给定一个数值，即表示被零减，因此将返回其本身的负值。和上述函数一样，此函数也可使用实型数及整型数来表示。

示例：

（ -50 40）返回 10

（ -50 40.0 2）返回 8.0

（ -50 40.0 2.5）返回 7.5

（ -8）返回 -8

（2）（ ~ int）：此函数乃返回 int 每一位的 NOT（即 1 补数）运算，这个 int 参数需限定为整型数。

示例：

（ ~ 3）返回 -4

（ ~ 100）返回 -101

（ ~ -4）返回 3

（3）（ +［number number］…）：此函数将返回所有 number 总和。它可以使用实型数或整型数来表示。如果所有 number 都是整型数，则其结果为整型数；若有实型数存在，则其结果自然为实型数。

示例：

（+1 2）返回 3

（+1 2 3 4.5）返回 10.5

（+1 2 3 4.0）返回 10.0

（4）（=numstr［numstr］…）：本式即为"等于函数"。若所有的 numstr 均相等时，将返回 T，否则返回 nil。本函数适用于数字及字符串。

示例：

（=4 4.0）返回 T

（=20 388）返回 nil

（=2.4 2.4 2.4）返回 T

（=499 499 500）返回 nil

（="me""me"）返回 T

（="me""you"）返回 nil

（5）（∗［number number］…）：此函数返回所有数值的积。可以使用实型数或整型数来表示，符合标准的规则即可。如果只有给定一个数，则将返回乘以 1 的结果。

示例：

（∗ 2 3）返回 6

（∗ 2 3 4.0）返回 24.0

（∗ 3 −4.5）返回 −13.5

（∗ 3）返回 3

（6）（／［number number］…）：此函数以第一数值除以第二数值之后，将会返回其商值。在 number 多于两项以上的情况下，将由第一数除以第二数，直至最后一数为止。可以使用实型数或整型数来表示，符合标准的规则即可。如果只有给定一个数，则将返回乘以 1 的结果。

示例：

（／ 100 2）返回 50

（／ 100 2.0）返回 50.0

（／ 100 2.0 2）返回 2.5

（／ 100 20 2）返回 2

（7）（1+number）：此函数即 number 加 1 之后的值将被返回。此 number 可为整型数或实型数。

示例：

（1+5）返回 6

（1+ −17.5）返回 −16.5

（8）（<numstr［numstr］…）：此函数即为"小于函数"。当第一个 numstr 小于第二个 numstr 时，会返回 T，否则为 nil。在所给定的 numstr 超过两个以上时，若每一个 numstr 都小于其右边的 numstr 时，将返回 T，否则为 nil。

示例：

（<10 20）返回 T

（<"b""c"）返回 T

（<357 33.2）返回 nil

（<2 3 88）返回 T

（<2 3 4 4）返回 nil

（9）（< = numstr［numstr］…）：此函数即为"小于或等于函数"。当第一个 numstr 小于或等于第二个 numstr 时，会返回 T。否则为 nil。在给定的 numstr 超过两个以上时，如果每一个 numstr 都小于或等于其右边的 numstr 时，将返回 T，否则为 nil。

示例：

（<10 20）返回 T

（< = 10 20）返回 T

（< = "b""b"）返回 T

（< = 357 33.2）返回 nil

（< = 2 9 9）返回 T

（< = 2 9 4 5）返回 nil

（10）（abs number）：此函数将返回给定 number 的绝对值。此 number 可为整型数或实型数。

示例：

（abs 100）返回 100

（abs −100）返回 100

（abs −99.25）返回 99.25

（11）（acad_colordlg colornum［flag］）：此函数将会显示一个标准的 AutoCAD 对话颜色选择窗口。colornum 是一个 0 ~ 256 的数字。其中，0 代表 BYBLOCK，256 则代表 BY-LAYER。如果 flag 参数为 nil，则将解除 BYBLOCK 与 BYLAYER 两按钮的功能。若 flag 被设为一非 nil 的值或不加，则 BYBLOCK 与 BYLAYER 两个按钮将被激活。acad_colordlg 函数将返回用户所选择的颜色号码。不过，如果用户取消了这个对话框，那么 acad_colordlg 函数将返回 nil。

示例：

（acad_colordlg 3）将表示要提示用户选择一个颜色，但缺省值是 3（绿色）。

（12）（add_list string）：此函数是用来在目前正活动的对话框表增加或修改一个字符串。在使用 add_list 之前，必须先打开一个表，并调用执行 start_list 命令。根据在 add_list 后所指定的 string 字串，此字符串将被加入一个表中或取代目前的表项目。

示例：

假设目前活动的 DCL 文件有一个以 longlist 为键值的 popup_list 或 list_box 定义，现在，要以下述的一段程序来启动这个表并加入一些字符串到 llist 存储空间变量中：

（setq llist '("first line""second line""third line")）

（start_list "longlist"）

（mapcar 'add_list llist）

（end_list）

当上述表已被定义后，下面所示的一段程序将用来把 second line 改为 2nd line：

（start_list "longlist"1 0）

（add_list "2nd line"）

（end_list）

相关函数：start_list 与 end_list 函数。

（13）（angle pt1 pt2）：此函数将返回由当前绘图平面上 pt1 点至 pt2 点连线与 X 轴正方向的夹角。此夹角由该直线与当前绘图平面中 X 轴组成，以弧度为单位、以逆时针方向为增量的夹角数值。如果，点坐标是以 3D 方式输入，则以空间点投影至当前绘图平面上的点坐标来运算。

示例：

（angle '(1.0 1.0) '(1.0 4.0)）返回 3.14159

（angle '(5.0 1.33) '(2.4 1.33)）返回 1.5708

（14）（append list ...）：此函数将获取任何数目的表（list），同时将它们当做单一表来执行。

示例：

（append '(a b) '(c d)）返回 (A B C D)

（append '((a)(b)) '((c)(d))）返回 ((A)(B)(C)(D))

注意：这个 append 函数的 list 参数必须为一表。

（15）（apply function list）：传送一个参数表给一个指定的函数。apply 函数经常需配合内置函数（subrs）与用户自定义的函数（如经过 defun 与 lambda 函数所建立的）来使用。

示例：

（apply '+'(1 2 3)）返回 6

（apply 'strcat '("a" "b" "c")）返回 "abc"

（16）（command［arguments］...）：此函数可使 AutoLISP 能在 AutoCAD 中执行命令，然后传回 nil。arguments 是 AutoCAD 的命令或副命令。每一个参数在经过分析之后，将被送至 AutoCAD 系统中来响应其提示语句。命令的名称是以字符串来表示的，2D 点是一个含有两个实型数的表，3D 点则是一个含有三个实型数的表。

注意：命令的名称只能在 Command：的提示号后才可被 AutoCAD 接受。

示例：

（setq pt1 '(1.45 3.23)）

（setq pt2（getpoint "Enter a point：")）

（command "line" pt1 pt2）

（command ""）

第一行语法是指定第一点 pt1 的值。第二行语法是指示使用键入第二点 pt2 的值。第三行语法是要执行 AutoCAD 上的 Line 命令，并以此两点为起始点及终点绘出一条线。在此 command 后面的参数是一个字符串及已定义的点，但也可用实型数或整型数来作为 command 的参数。第四行命令上，command 的参数是一个空字符串（""），代表由键盘键入一个空格，而这种不包含参数的方式，即相当于按下 Ctrl + C 键来中止 AutoCAD 命令。

假如 AutoCAD 系统变量 CMDECHO（可从 setver 和 getvar 存取）设定为 0，那么由 command 函数所执行的命令将不会返回到屏幕上。command 函数是由 AutoLISP 使用 AutoCAD 命令的基本方法。

注意：get×××用户输入函数（如 getangle、getstring、getint、getpoint 等）不可以包含

在 command 函数中。企图去做这件事将会产生信息"error：AutoCAD rejected function"并终止这个函数的进行。如果需要用户的输入，则请如前所述事先启动 get××× 函数，或将它们放置于连续的 command 函数调用之间。

对需要选择一个图形的 AutoCAD 命令（如 BREAK 和 TRIM 命令）而言，可以提供一个以 entsel 得到的表，而不需要以鼠标来选取图形。AutoCAD 的 DTEXT 和 SKETCH 命令直接读取键盘和数字化仪上的输入值，因此不能使用 AutoLISP 的 command 函数。如果正在执行 AutoCAD 时，碰到了 PAUSE 符号，而它是 command 函数中的一个参数，那么这个 command 函数将会暂时停止，以等待用户来直接输入（或作动态牵引）。

注意：

1）目前在 command 函数中，PAUSE 符号与单一的反斜线所组成的字符串意义相同。可以直接使用反斜线，而不使用 PAUSE 符号。但是，假如这个 COMMAND 函数是从菜单项来运行的话，当 AutoCAD 读到反斜线时，它将不会暂停 command 函数，而是将菜单项暂停。而且，此暂停的结构在 AutoLISP 以后的版本也可能会需要一个不同的触发值（trigger value）。因此，建议在 command 函数中，使用 PAUSE 符号，而不使用反斜线。

2）假如一个命令需要键入一个字符串或属性值时，正好碰到 PAUSE，那么只有在系统变量 TEXTEVAL 设定值不为零的情况下，AutoCAD 才会暂停，等待输入。否则，PAUSE 符号的值（单一的反斜线）会被当做是要输入的文字，因而不会发生暂停的状况。

3）当 command 函数暂停来让用户输入时，此函数仍然是在运行的状态下，所以用户在这个时候不可以输入另一个 AutoLISP 表达式来求值。

下述就是一使用 PAUSE 符号的范例：

```
(setq blk "MY_BLOCK")
(setq old_lay (getvar "clayer"))
(command "layer" "" "set" "" "NEW_LAY" "" "")
(command "insert" blk pause "" "" "" pause)
(command "layer" "" "set" old_lay "" "")
```

上述这个程序片段将设定目前层到 NEW_LAY，暂停已等待使用者输入图块图形的插入点。MY_BLOCK 是一个 X 与 Y 插入比例系数都是 1 的图块图形，然后暂停等待使用这输入旋转角度，最后将图层设回原来的图层上。

如果 command 函数指定了 PAUSE 到 SELECT 命令上，而且 PICKFIRST 设定为启动，那么 SELECT 命令将得到 PICKFIRST 的效果而不会暂停。

在 DIM：提示符下发出的 Radius 与 Diameter 副指令在某些情形下将产生其他的提示语句。这将导致某些在 R11 期间所写的 LISP 程序（使用这两个副命令的 AutoLISP 程序）发生问题。

(17)（defun sym argument-list expr…）：defun 是以名称 sym 来定义函数，此名称函数会自动加上引号，所以不需自行加上引号。函数名称之后是一个参数表函数，此 argument-list 内的参数可有可无。在参数后，可以使用一个"/"符号和一个或一个以上的 sym 区域性符号。区域性符号和参数的间隔必须以"/"符号来分隔。同时，要隔一个空格。如果没有给出参数或区域性符号，那么必须在函数名称的后面加上一空白的括号。例如：

（defun myfunc（x y）…）   （两个参数的函数）

（defun myfunc（/ a b）…）   （两个区域性符号的函数）

（defun myfunc（x / temp）…）   （一个参数与一个区域性符号）

（defun myfunc（）…）   （没有任何参数与区域符号）

用户不能定义一个拥有多个相同名称参数的函数，但是可以定义一个区域性变量跟随着与其他区域性变量名称相同的参数：

（defun fubar（a a / b）…）   错误

（defun fubar（a b / a a b）…）   正确

在 argument-list 和 sym 之后是一个或一个以上的表达式，此表达式是当函数被执行时所要判别的。

注意：如果参数/符号表包含了重复的记录，则只有第一个会被使用，其后的都将被忽略。defun 函数将返回已被定义的函数名称。使用此函数时，它将判别参数，同时返回至参数变量中。区域性符号的功能在于可在函数内来使用，而不干涉到外面与其同样名称的符号。此函数将返回最后一个表达式被判别后的结果。此时，所有先前的表达式只是一表面效果，因为 defun 函数的本身返回值已定义函数名称。例如：

（defun add10（x）

（ +10 x）

）   返回 ADD10

（add10 5）   返回 15

（add10 −7.4）   返回 2.6

然后：

（defun dts（x y / temp）

（setq temp（strcat x "…"））

（strcat temp y）

）   返回 DOTS

（dots "a""b"）   返回 "a…b"

（dots "from""to"） 返回 "from…to"

警告：sym 不要使用到内置函数或符号的名称，否则将使内置函数无法存取。

（18）（done_dialog［status］）：此函数将用来结束一个对话框。必须从一个调用程序中或是调用函数中去调用 done_dialog。status 参数是可选择的。如果它被指定，则它必定是一个正整型数，start_dialog 将返回以取代为 OK 返回 1 或是为 Cancel 返回 0（其大于 1 的任何 status 值的意义是取决于应用程序）。当用户跳离对话框时，done_dialog 函数会返回一个代表对话框（x，y）位置的二维空间点列表，可以让这个点传送到一个副序列 new_dialog 调用中以再度开启在用户选择位置中的对话框。如果为了 key 为 "accept" 或是 "cancel" 的按钮提供一个调用（通常是 OK 与 Cancel 按钮，其标签可改变），则必须明确地调用 done_dialog。如果没有，则用户可能会陷在对话框中。如果不为这些按钮提供一个明确地调用并且使用标准的跳离按钮，则 AutoCAD 会自动地处理它们。同样地，一个为 "accept" 按钮的明确 AutoLISP 动作必须指定一个 1 的 status（或是一个应用程序定义的值）。否则，start_dialog 将返回缺省值 0，这会让它如对话框已被删除般地出现。

（19）（findfile filename）：此函数将提供用户利用程序针对一个特定的文件来找出 AutoCAD 数据库名称。此 AutoCAD 数据库路径的组成是由目前的文件夹，接着含有目前编辑图形文件的文件夹，再接着以 AutoCAD 系统变量命名的文件夹（假如该文件夹存在），而最后则是此 AutoCAD 文件名的文件夹。

findfile 并没有缺省的扩展名，或是文件名。因而使用时，必须给予文件名称。如果此名称不合法，AutoCAD 将自动搜寻并将完整合法的文件名称返回，当寻找不到时则返回 nil。如果提供有一个磁盘/文件夹路径，那么 AutoCAD 将只在此文件夹中寻找（而不会执行数据库搜寻）。findfile 函数所返回的完整名称将适用于 open 函数。在以下范例中，使用"/"当做文件夹的分别间隔。而在 DOS 操作系统中，亦可以使用" \ "或是"/"。

示例：

在下列假设条件下：

目前的文件夹是/r14 而且含有 abc. lsp 文件，

我们正在/r14/drawings 文件夹中编辑图形，

AutoCAD 环境参数设定成/r14/support，

xyz. txt 文件只存在于/r14/support 文件夹中，

nosuch 文件并不存在于数据库搜寻路径中的任何文件夹之下，

则：

（findfile " abc. lsp "）　　返回　" /r14/abc. lsp "

（findfile " xyz. txt "）　　返回　" /r14/support/xyz. txt "

（findfile " nosuch "）　　返回　nil

（20）（foreach name list expr…）：此函数是将 list 中的每一个元素按顺序对应至 name，然后再判别其在 expr 中的值。您可以设定任意数目的 expr，而 foreach 仅返回最后一个 expr 经判别后的结果。

示例：

（foreach n '(a b c)(print n)）

等于：

（print a）

（print b）

（print c）

除非 foreach 仅返回最后一个表达式被判别出来的结果。

（21）（getangle[pt][prompt]）：此函数会暂时停止执行，以等待用户输入角度，然后返回以弧度表示的角度。getangle 测量角度的方式是以 ANGBASE 变量所设定的当前角度为零度的起始方向，以逆时针方向为正方向增加角度。pt 是一任意点，而 prompt 是一任意提示语句字符串，用来等待用户的键入。用户也可以用 AutoCAD 当前的角度格式键入一数值来设定角度，角度的格式可以为角度量或弧度量，但此函数将以弧度量为返回单位。另外，用户也可以用 AutoLISP 绘图屏幕上给定两点来表示角度的大小，AutoCAD 会由第一点引出一条橡皮筋到十字形光标所在的位置，来协助用户设定角度。如果指定了 getangle 的选择项 pt 参数，则它将会被假设为两点的第一点，那么就可通过指定另一点来确定 AutoLISP 角度。也可以提供一个 3D 的基准点，但这可能会产生混淆，因为该点始终在当前的绘图平面上量测。

了解输入角度和 getangle 所返回角度之间差异是一件很重要的工作。用户所键入给 getangle 的角度是以 ANGDIR 和 ANGBASE 的目前设定为基础，然而，一旦键入一个角度，它的量测方式是以 ANGBASE 的目前设定是零度并向逆时针的方向增加（忽略 ANGDIR）的。

示例：

（setq ang（getangle））

（setq ang（getangle '(1.0 3.5)））

（setq ang（getangle "哪个方向？"））

（setq ang（getangle '(1.0 3.5) "哪个方向？"））

不能在回应一个 getangle 要求时再输入其他的 AutoLISP 表达式，否则会接到这样的错误信息：

Can't reenter AutoLISP

相关函数：getorient 函数。

（22）（getpoint[pt][prompt]）：此函数将暂停以等待用户输入一点，pt 点为在目前 UCS 下的 2D 或 3D 基准点。Prompt 是一任意字符串，用来提示用户输入一点。用户则可使用鼠标指定一点，或由键盘输入目前单位格式的坐标，来回答此点的位置。假如设定了 pt 参数，则 AutoCAD 会从这个基准点拉一条橡皮筋到鼠标目前所在的位置。

示例：

（setq p（getpoint））

（setq p（getpoint "Where？"））

（setq p（getpoint '(1.5 2.0) "Second point:"））

此一返回值将表示成目前 UCS 坐标的 3D 点。

注意：不能在回应一个 getpoint 要求时，再输入其他的 LISP 表达式。

（23）（getvar varname）：此函数将用来获取 AutoCAD 系统变量的值。varname 参数必须以双引号括住。

示例：

最近一次所设定的圆角半径是 0.25 个单位，则获取此数值的方式为：

（getvar "FILLETRAD"）将返回 0.25

如果使用 getvar 来获取 AutoCAD 所没有的系统变量值，将会返回 nil。

（24）（setq sym1 expr1［sym2 expr2］…）：此函数会将 expr 的值设定给 sym1，expr2 值设定给 sym2，其余的依此类推。这是 AutoLISP 中最基本的设定函数。此函数将返回最后一个 expr 的值。

示例：

（setq a 5.0）　返回 5.0

这代表 5.0 被设定给符号 A，当 A 被判别时，它将判别其为实型数 5.0。其他示例如：

（setq b 123 c 4.7）　返回 4.7

（setq s "it"）　返回 "it"

（setq z '(a b)）　返回（A B）

setq 或 set 直接指定给一个符号的字符串其最大长度为 100 字符，但是可以使用下列方式来建立更长的字符串：先用 strcat 函数将许多字符串连接在一起，然后将结果指定给一个符号。

setq 与 set 函数相类似，不同的是这个符号名称并没有加引号。换言之，set 会计算第一个参数，但 setq 不会。下面的示例将显示这两个函数的相似性：

（setq a 5.0）相当于（set（quote a）5.0）

除非是在 defun 内设定函数参数的值，或设定 defun 内已声明为区域性符号的值，否则由 set 及 setq 建立或修改者皆为整体值符号。例如：

（setq glo1 123）；（建立一个整型数体性符号）

（defun demo（arg1 arg2 ∕ loc1 loc2）

（setq arg1 234）；（分派一新值给区域性符号）

（setq loc1 345）；（分派一新值给区域性符号）

（setq glo1 456）；（分派一新值给整体性符号）

（setq glo2 567）；（建立一新值的整体性符号）

）

整体性符号可让任何函数来修改、存取或用于任何表达式中。区域性符号及函数参数只有在定义它们的函数被使用（及函数被此函数调用）时才有意义。函数参数可视为区域性符号，该函数可改变它们的值，但如此的改变会在离开函数时被放弃，也就是说此时的函数参数将又回到它原来的值。

注意：符号和函数名称，set 和 setq 都能够设定新值给 AutoLISP 的内置符号和函数名称。因此，请放弃原来的定义或用户无法存取的这些符号和名称。有些用户若曾经使用过下列的指令，即会遭受不幸的苦果：

（setq angle（…））　　（错误!）

（setq length（…））　　（错误!）

（setq max（…））　　（错误!）

（setq t（…））　　（错误!）

（setq pi 3.0）　　（错误!!!）

为了避免种种不同的错误，请小心地选用函数名称。绝不要使用内置的符号或函数名称来当作自己的符号！如果不确定符号名称是否已存在，则可以使用下述方式查询（假设要查询符号为 mysyn）：

Command：（atom-family 0 '（"mysyn"））

如果此符号从未定义过，则将返回（nil）。

3.5　AutoLISP 的程序设计方法、技巧

AutoLISP 调用函数是通过标准表实现的。如前所述，AutoLISP 程序的基本结构就是由一系列标准表有序构成。AutoLISP 程序的运行，就是对标准表依次进行求值。为了便于读者更好地了解和掌握函数调用的格式，本书对其所用的符号特作如下的约定。标准表，或者说函数调用的一般格式如下。

（1）标准表中的第一个元素必须是函数名，以后的各元素为该函数的参数，参数的类型及数目取决于函数。

（2）〈……〉：尖括号中的符号表示函数要求的参数类型，它是必须存在的。

（3）［……］：方括弧的内容是任选项，它可以存在，也可省略，但该项只能出现一次。

（4）……：省略号表示省略号前面同样的参数，其数目不限。

学习系统内部函数，必须掌握以下的基本内容：

（1）函数调用格式，即函数名，函数要求的参数个数和类型；

（2）函数的功能，即该函数的功用和作用，它对其参数如何进行处理；

（3）函数的求值情况，即哪些参数要求值，哪些不被求值；

（4）函数求值结果的返回值类型，这点很重要，因为大多数函数的返回值要被其他函数接受，而每个函数需要的参数都有特定的类型，因此只有搞清被调用函数的返回值的类型，才不会因用错函数的参数而出错。

3.5.1　对象反应器定义

与链接、数据库和编辑反应器不同的是，对象反应器是要附着在指定的 AutoCAD 实体（对象）上。

定义对象反应器时，必须确定反应器要附着到哪个实体上。下面一段程序定义了名为 print-radius 的回调函数，用来打印圆实体的半径。请注意，在这段程序中用了 vlax-property-available-p 函数来确认这个图形实体是否有半径这个属性。

```
（vl-load-com）;
（defun print-radius（notifier-object reactor-object parameter-list）
（cond
    （
    （vlax-property-available-p
notifier-object
"Radius"
    ）
    （princ "\n 半径为:"）
    （princ（vla-get-radius notifier-object））
    ）
    ）
）
```

下面是用来画圆的程序：

```
（setq myCircle
        Prompt the user for the center point and radius
        （progn（setq enamepoint（getpoint "\nCircle center point:"）
        ctrPt
                （vlax-3d-point enamepoint）
        radius        （distance enamepoint
                        （getpoint enamepoint "\nRadius:"）
            ）
        ）
```

Add a circle to the drawing model space. Nest the function calls to obtain the path to the current drawing's model space：AcadObject > ActiveDocument > ModelSpace

```
( vla-addCircle
        ( vla-get-ModelSpace
                ( vla-get-ActiveDocument ( vlax-get-acad-object ) )
        )
        ctrPt
        radius
          )
        )
)
```

这段程序是用 ActiveX 的方式生成一个圆，并用 myCircle 变量指向这个圆对象。要修改通过 entlast 和 entsel 函数获得的对象，必须首先用 vlax-ename- > vla-object 函数把这些对象转换为 VLA 对象。

生成对象反应器的函数需要三个参数。第一个参数是反应器发生的 AutoCAD 对象的表，这个对象作为对象反应器的物主被引用，这个物主表里必须只是 VLA（Visual LISP ActiveX）类型的，AutoLISP 的实体名类型是不允许的。第二个和第三个参数和生成其他反应器时输入的参数是相同的，它们是应用程序指定的附着在反应器上的数据，和指定反应事件和回调函数的点对表。在一个实体上附着反应器，下面程序会把一个对象反应器附着到 myCircle 对象上。不论什么时候这个对象被修改了（：vlr-modified），这个反应器都做出反应并调用 print-radius 函数：

```
( setq circleReactor
            ( vlr-object-reactor
        ( list myCircle )
        " Circle Reactor "
        '( ( :vlr-modified. print-radius ) )
            )
)
```

在这个程序中生成的反应器对象被存放到了 circleReactor 变量中，可以用这个变量来引用这个反应器。

3.5.2　以对话框形式绘制圆的实例

```
( 1 ) yuan1 :dialog{
        label = " 绘制圆 " ;
initial_focus = " X " ;
:row{                         //引用行!
        :image                //引用图像控件
            {width = 30 ;
height = 8 ;
        key = " img_cr " ;     //图像的关键字
```

```
color = - 13;
   }
:boxed_column{
  label = "绘图参数";
:edit_box{
    label = "圆心 X(毫米):";
    edit_width = 8;
key = "X";
//     value = "100";
  }
:edit_box{
    label = "圆心 Y(毫米):";
width = 8;
mnemonic = "Y";
key = "Y";
//     value = "100";
}
:edit_box{label = "半径 R(毫米)";
width = 8;
mnemonic = "R";
key = "R";
//     value = "15";
  }
}
}
ok_cancel;
}
```

（2）编写绘制圆对话框的驱动程序，文件名为 yuan. lsp。

```
(defun c:tt (/ x y r id x1 y1)          ;主函数
  (defun act ()                         ;定义 act 函数
  (setq x (atof (get_tile "X")))      ;从编辑框 "X" 得到值并赋给变量 X
  (setq y (atof (get_tile "Y")))      ;从编辑框 "Y" 得到值并赋给变量 Y
  (setq r (atof (get_tile "R")))      ;从编辑框 "R" 得到值并赋给变量 R
  )
  (setq sdt 0)
  (setq id (load_dialog "c:tt. dcl"))
  (if ( < id 0)
    (edit)
  )
  (setq X 100. 0
    Y 100
    R 26
  )
```

```
(if (not (new_dialog "yuan1 " id))
    (exit)
)
(setq x1 (dimx_tile "img_cr"))
(setq y1 (dimx_tile "img_cr"))
(start_image "img_cr")
(slide_image 0 0 x1 y1 "circ")
(end_image)
(set_tile "X " (rtos X 2 2))
(set_tile "Y " (rtos Y 2 2))
(set_tile "R " (rtos R 2 2))
(action_tile "accept " "(act)(done_dialog 1)")
(action_tile "cancel " "(done_dialog -1)")
(setq sdt (start_dialog))
(unload_dialog id)
(if (> sdt 0)
    (command "circle "
            (list x y) r
)
    (princ)
)
)
```

3.5.3 定义带有滑动条的对话框实例

```
sld:dialog{//对话框名 sld. dcl
    label = "面积计算 ";//对话框标签
    initial_focus = "edit_l ";//初始的焦点在长度编辑框
:row{
:text{key = "field ";//文本的关键字
is_bold = true;//用黑体显示
value = "广场的面积是: ";//文本的初始值
}
:button{label = "计算面积 &A ";//按钮的标签
    key = "area ";//按钮的关键字
    fixed_width = true;//按钮的宽度固定
}
}
:row{
:boxed_column{label = "长度范围:100 ~ 800 ";//加框列的标签
    :edit_box{label = "长度 &L ";//长度编辑框的标签
    key = "edit_l ";//长度编辑框的关键字
    value = 150;}//长度编辑框的初始值
:slider{key = "sld_l ";//长度滑动条的关键字
```

```
        min_value = 100;//长度滑动条的最小值
        max_value = 800;//长度滑动条的最大值
        small_increment = 1;}//长度滑动条的最小增量
      }
  :boxed_column{label = "宽度范围 50~400";//加框列的标签
  :edit_box{label = "宽 &W:";//宽度编辑框的标签
     key = "edit_w";//宽度编辑框的关键字
     value = 100;}//宽度编辑框的初始值
     :slider{key = "sld_w";//宽度滑动条的关键字
        min_value = 50;//宽度滑动条的最小值
        max_value = 400;//宽度滑动条的最大值
        small_increment = 1;}//宽度滑动条的最小增量
      }
  }
    ok_cancel;
      }
```

相应驱动程序为：

```
( defun c:ff( / ll ww len wid area ss id sdt)
   ( setq len 150 wid 100)
   ( setq id( load_dialog "c:\\sld. dcl"))
   ( if( < id 0)( exit))
   ( if( not ( new_dialog "sld" id))( exit))
   ( action_tile "edit_l" "(flength)")
   ( action_tile "sld_l" "(fsldl)")
   ( action_tile "edit_w" "(fwidth)")
   ( action_tile "sld_w" "(fsldw)")
   ( action_tile "area" "(farea)")
   ( action_tile "accept" "(done_dialog 1)")
   ( action_tile "cancel" "(done_dialog 0)")
   ( setq sdt( start_dialog))
   ( unload_dialog id)
   ( if( > sdt 0)( princ( list "长度 = " len "宽度 = " wid "面积 = " area)))
   ( princ)
   )

   ( defun flength( / ll)
   ( setq ll( atoi  $ value))
   ( if( or ( > ll 100) ( < ll 1000))
   ( progn
      ( set_tile  $ key ( get_tile "sld_l"))
      ( setq len( atoi  $ value))
      )
   ( progn
```

```
            (set_tile "sld_l" (itoa ll))
            (setq len ll)
            )
          )
        )
  (defun fsldl()
      (set_tile "edit_l" $ value)
      (setq len(atoi $ value))
      )
  (defun fwidth(/ ww)
      (setq ww(atoi $ value))
      (if(or( > ww 50)( < ww 800))
        (progn
          (set_tile $ key (get_tile "sld_w"))
          (setq wid(atoi $ value))
          )
        (progn
          (set_tile "sld_w" (itoa ww))
          (setq wid ww)
          )
      )
    )
  (defun fsldw(/ ss)
      (set_tile "edit_w" $ value)
      (setq wid(atoi $ value))
      )

  (defun farea()
      (setq area( * len wid))
      (setq ss(itoa area))
      (setq ss(strcat "广场当前的面积是：" ss))
      (set_tile "field" ss)
      )
```

3.5.4 Visual LISP 程序的调试

下面例子程序演示的是在 Visual LISP 中用 ActiveX 方式编程和用 AutoLISP 的库函数编程两种方式在运行速度方面的差异。这个程序提供了两个命令，它们是 AL-TST 和 VLA-TST，分别用 AutoLISP 函数和 ActiveX 函数生成 2000 个圆，并修改这些圆的属性后逐个删除这些圆。在命令结束后，会显示出整个操作耗费的时间，从中可以对这两种方式编程在运行速度上作出比较：

```
(defun get-utime ()
    ( * 86400 (getvar "tdusrtimer"))
```

```lisp
)
  (defun c:al-tst (/ t0 t1 z y)
  (setq t0 (get-utime))
  (setq z (getvar "CMDECHO"))
  (setq y (getvar "BLIPMODE"))
  (setvar "CMDECHO" 0)
  (setvar "BLIPMODE" 0)
Testing function place
  (al-tst)
  (setvar "CMDECHO" z)
  (setvar "BLIPMODE" y)
  (setq t1 (get-utime))
  (setq result (strcat "Time (secs):" (rtos ( - t1 t0))))
  (alert result)
  (princ "\n; Time (secs):")
  (princ ( - t1 t0))
  (terpri)
  (princ)
)
(defun al-tst (/ ent centerPoint nPoint i ind offs radius ss)
(setq
    centerPoint '(0.0 0.0 0.0)
    offs (car (getvar "snapunit"))
    radius ( * 10 offs)
  )

  (repeat 2000
    (Setq radius ( + radius offs))
creates an circle object in model space
    (command "_. circle" centerPoint radius)
  )
  (change-property-s (ssget "X") 60 0)
  (change-property-s (ssget "X") 62 1)

  (setq i 0)
  (repeat (SSLENGTH (setq ss (ssget "X")))
    (setq ent (ssname ss i)
      i (1 +i)
    )
    (command "_. erase" ent "")
  )
)
```

```
(defun change-property-s (sset code value / ent as entlist i)
  (setq i 0)
  (repeat (SSLENGTH sset)
    (setq ent (ssname sset i)
      i (1 + i)
      entlist (entget ent)
      as (assoc code entlist)
    )
    (if as
      (entmod (subst (cons code value) as entlist))
    )
  )
)


(defun vla-tst (/ acadApp acadDoc mSpace centerPoint radius obj offs
        nPoint)
  (Setq acadApp        (vlax-get-acad-object)
    acadDoc        (vla-get-ActiveDocument acadApp)
    mSpace        (vla-get-ModelSpace acadDoc)
    centerPoint (vlax-3d-point'(0. 0 0. 0 0. 0))
    offs        (car (getvar "snapunit"))
    radius        (* 10 offs)
  )
```

Create 2000 circles in Model space

```
  (repeat 2000
    (setq radius (+ radius offs))
    ;; creates an circle object in model space
    (setq obj (vla-AddCircle mSpace centerPoint radius))
    (vla-Update obj)
  )
```

process all entities in Model Space Make them invisible
```
(vlax-for ent mSpace
    (vla-put-Visible ent 0)
  )
```

Change color
```
  (vlax-for ent mSpace
    (vla-put-Color ent 1)
  )
```
Erase all objects
```
  (vlax-for ent mSpace
```

```
      (vla-Erase ent)
    )
 )
 (vl-load-com)
 (defun c:vla-tst (/ t0 t1 result)
    (setq t0 (get-utime))
Testing function place
    (vla-tst)
    (setq t1 (get-utime))
    (setq result (strcat "Time (secs):" (rtos (- t1 t0))))
    (alert result)
    (terpri)
    (princ)
 )
 (princ "\n; To test:AL-TST, VLA-TST\n")
 (princ)
```

3.6 实 例 程 序

3.6.1 绘制三角形程序

编写一个程序,该程序将提示用户选择三角形的三个顶点,并通过三个顶点绘出三角形。

解析: 多数程序都包含三个基本组成部分, 即输入、输出及处理过程。

本例中, 程序的输入为三个点的坐标, 期望的输出为一个三角形。用以生成该三角形的处理过程为: 由 p1 到 p2、由 p2 到 p3、到 p3 到 p1 各画一条直线。

输入	输出
p1 点的位置	
p2 点的位置	三角形 p1, p2, p3
p3 点的位置	

处理过程: 从 p1 到 p2 画线、从 p2 到 p3 画线、从 p3 到 p1 画线;

下面是 AuotLISP 程序清单。右边的行号只为方便引用,并不是程序的一部分。

```
; this program will prompt you to enter three points              1
; of a triangle from the keyboard, or select three points         2
; by using the screen cursor. p1, p2, p3 are triangle corners.    3
                                                                  4
(defun C: triangl ()                                             5
   (setq p1 (getPoint "\n Enter first Point of triangle:"))      6
   (setq p2 (getPoint "\n Enter second Point of triangle:"))     7
   (setq p3 (getPoint "\n Enter third Point of triangle:"))      8
   (Command "line" p1 p2 p3 "C")                                 9
)                                                                10
```

说明：

第1~3行：前三行为注释行，用于描述程序中的函数。这几行很重要，因为有它们，编辑程序会变得简单一些。可以在任何必要的时候使用注释。所有的注释行都必须以分号（;）开头，当程序装入时这些行会被忽略。

第4行：行为空行，用于分隔程序与注释部分。空行还可以用来分隔程序的不同模块。这样便于区分程序的不同部分。空行对程序没有影响。

第5行：（defun C：triang1 （））

本行中，defun 为一个 AutoLISP 函数，它定义了函数 TRIANG1。TRIANG1 为该函数的函数名。由于此函数名前带有 C：，因此该函数可以像 AutoCAD 命令一样被执行。若没有 C：，TRIANG1 命令只能置于圆括号中执行（TRIANG1）。此函数带有三个全局变量（p1，p2，p3）。第一次编写 AutoLISP 程序时，保持变量为全局变量是个好习惯。这是因为装入并运行程序后，可以通过在 AutoCAD 命令提示行中输入感叹号（!）并在其后输入变量名来检查变量的值（Command：! p1）。一旦程序通过测试并运行正常，就应该使它们成为局部变量（defun c：TRIANG1 （/p1 p2 p3）

第6行：（setq p1 （getpoint "\n Enter first Point of triangle："））

本行中，getpoint 函数暂停程序的运行，允许用户输入三角形的第一个点。提示信息 Enter first Point of triangle 显示在屏幕的提示区内。可以通过键盘输入该点的坐标，也可以用屏幕光标选择该点。随后 setq 函数将这些坐标赋予变量 p1。\n 的作用是回车，其后的表达式将被打印在下一行上（"n" 代表 "newline"）。

第7行和第8行：（setq p2 （getpoint "\n Enter second Point of triangle："）） 及 （setq p3 （getpoint "\n Enter third Point of triangle："））

这两行提示用户输入三角形的第二个顶点和第三个顶点，随后把这些坐标赋予 p2 和 p3。\n 的作用是回车，因此输入提示显示在下一行中。

第9行：（Command "line" p1 p2 p3 "C"）

本行中，Command 函数用来输入 AutoCAD 的 line 命令，然后从 p1 到 p2，p2 到 p3 各画一条直线。"C"（表示 "close" 选项）把最后一点 p3 与第一点 p1 连接起来。所有的 AutoCAD 命令及选项在 AutoLISP 程序中使用时都必须置于双引号内。变量 p1、p2、p3 之间用空格分隔。

第10行：本行仅包含一个用于表明函数 TRIANG1 定义完成的右括号。该括号也可以写在上一行中。把它单独放在一行是一个好习惯，因为这样做任何程序员都可以很容易的确定定义已结束。然而某些程序中，同一程序内的多个定义及模块需要明确区分开。括号及空行有助于明确定义或程序段的起始和结束。

3.6.2　绘制倒角程序

编写一个 AutoLISP 程序，在给定的两条线间通过输入倒角角度及倒角距离生成一个倒角。

解析： AutoCAD 使用赋予系统变量 ChamferA 和 ChamferB 的值生成该倒角。当选择了 AutoCAD 的 Chamfer 命令后，第一个倒角及第二个倒角的距离被自动赋予系统变量 ChamferA 及 ChamferB，随后 Chamfer 命令使用这些值生成一个倒角。然而，在多数工程图中，人们更喜欢通过输入倒角长度及倒角角度的方式来生成倒角，如图 3-2 所示。

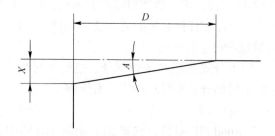

图 3-2 倾角为 A、距离为 D 的倒角

输入	输出
第一个倒角距离（D）	任意两条选中直线间的倒角
倒角角度（A）	

处理过程

1. 计算第二个倒角的距离
2. 将这些值赋予系统变量 ChamferA 和 ChamferB
3. 使用 AutoCAD 的 Chamfer 命令生成倒角。

计算过程

$x/d = \tan a$

$x = d*(\tan a) = d*[(\sin a)/(\cos a)]$

下面是程序清单。右边的行号只为方便引用，并不是文件的一部分。

```
; This program generates a chamfer by entering          1
; the chamfer angle and the chamfer distance            2
;                                                        3
  (defun c：chamfer (/ d a)                              4
  (setvar "cmdecho" 0)                                   5
  (graphscr)                                             6
  (setq d (getdist "\n Enter chamfer distance："))        7
  (setq a (getangle "\n Enter chamfer angle："))          8
  (setvar "chamfera" d)                                  9
  (setvar "chamferb" (d (/sin a (cos a))))               10
  (Command "chamfer")                                    11
  (setvar "cmdecho" 1)                                   12
  (princ)                                                13
)                                                        14
```

说明：

cmdecho 系统变量：控制 AutoLISP 的 command 函数运行时 AutoCAD 是否回显提示和输入。

第 7 行：（setq d(getdist "\n Enter chamfer distance："))

getdist 函数暂停程序的运行，等候用户输入倒角距离，随后 setq 函数将该值赋予变量 d。

第 8 行：（setq a(getangle "\n Enter chamfer angle："))

getangle 函数暂停程序的运行，等候用户输入倒角角度，随后 setq 函数将该值赋予变量 a。

第 9 行：setvar " chamfera " d)

setvar 函数将变量 d 的值赋予 AutoCAD 系统变量 chamfera。

第 10 行：（setvar " chamferb "(d(/sin a (cos a))))

setvar 函数将从表达式（ * d(/(sin a)(cos a)))）中取得的值赋予 AutoCAD 系统变量 chamferb。

第 11 行：（Command " chamfer ")

Command 函数使用 AutoCAD CHAMFER 命令生成倒角。

3.6.3　绘制矩形程序

编写一个程序，提示用户输入一个矩形的两个对角的坐标，然后在屏幕上画出该矩形，如图 3-3 所示。

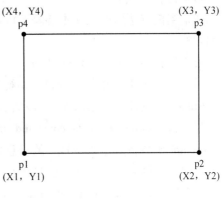

图 3-3　矩形

输入　　　　　　　　处理过程

p1 点的坐标　　　　1. 计算 p1 点和 p4 点的坐标

p3 点的坐标　　　　2. 画出下列直线

　　　　　　　　　　p1 到 p2 的直线

　　　　　　　　　　p2 到 p3 的直线

　　　　　　　　　　p3 到 p4 的直线

　　　　　　　　　　p4 到 p1 的直线

p2 和 p4 两点的 X，Y 坐标可以通过 car 及 cadr 函数算出。car 函数从给定的列表中选取 X 坐标，cadr 函数选取 Y 坐标。

p2 点的 X 坐标：　　　　　p2 点的 Y 坐标：

X2 = X3　　　　　　　　　Y2 = Y1

X2 = car(X3 Y3)　　　　　Y2 = cadr(X1 Y1)

X2 = car p3　　　　　　　Y2 = cadr p1

p4 点的 X 坐标：　　　　　p4 点的 Y 坐标：

X4 = X1　　　　　　　　　Y4 = Y3

X4 = car(X1 Y1)　　　　　Y4 = cadr(X3 Y3)

X4 = car p1　　　　　　　Y4 = cadr p3

故，p2 点和 p4 点为：

p2 = (list(car p3)(cadr p1))

p4 = (List(car p1)(cadr p3))

下面的文件是例 3 的程序清单。

（defun c：rect1（/p1 p2 p3 p4)

（graphscr)

（setvar " cmdecho " 0)

（prompt " rect1 command draws a rectangle ")（terpri)

（setq p1（getpoint " Enter first corner ")（terpri)

（setq p3（getpoint " Enter opposite corner ")（terpri)

（setq p2（list（car p3）（cadr p1)))

（setq p4（list（car p1）（cadr p3)))

```
(command "line" p1 p2 p3 p4 "c")
(setval "cmdecho" 1)
(princ)
)
```

说明：

第 1 行：（defun c:rect1（/p1 p2 p3 p4）

defun 函数定义了函数 rect1。

第 2 行：（graphscr）

如果当前屏幕恰好是文本屏幕，该函数将文本屏幕转换为图形屏幕。否则，对显示屏幕无影响。

第 3 行：（setvar "cmdecho" 0）

函数 setvar 将 0 赋予 AutoCAD 系统变量 cmdecho，即关闭了回显。如果 cmdecho 被关闭，AutoCAD 的命令提示就不会显示在屏幕的命令提示区中。

第 4 行：（prompt "rect1 command draws a rectangle"）（terpri）

prompt 函数将显示双引号中的信息（"rect1 command draws a rectangle"）。函数 terpri 产生一个回车，因此下一行文本会打印在单独一行上。

第 5 行：（setq p1（getpoint "Enter first corner"）（terpri）

getpoint 函数暂停程序的运行，等候用户输入一个点（该矩形的第一个角），随后 setq 函数将该值赋予变量 p1。

第 6 行：（setq p3（getpoint "Enter opposite corner"）（terpri）

getpoint 函数暂停程序的运行，等候用户输入一个点（该短形的对角），随后 setq 函数将该值赋予变量 p3。

第 7 行：（setq p2（list（car p3）（cadr p1）））

cadr 函数选取 p1 点的 Y 坐标，car 函数选取 p3 点的 X 坐标。setq 函数将这两个值组成的列表赋予变量 p2。

第 8 行：（setq p4（list（car p1）（cadr p3）））

cadr 函数选取 p3 点的 Y 坐标，car 函数选取 p1 点的 X 坐标。setq 函数将这两个值组成的列表赋予变量 p4。

第 9 行：（command "line" p1 p2 p3 p4 "c"）

Command 函数使用 AutoCAD 的 line 命令在点 p1，p2，p3 和 p4 间画线。C（close）将最后一点 p4 与第一点 p1 连接起来。

第 10 行：（setval "cmdecho" 1）

setvar 函数将 1 赋予 AutoCAD 系统变量 cmdecho，即打开了回显。

第 11 行：（princ）

princ 函数在屏幕上打印一个空行。若没有这一行，AutoCAD 将打印出最后一个表达式的值。该值对程序毫无影响，但却可能令人费解。princ 函数用来防止在命令提示区显示该表达式的值。

第 12 行：该右括号表明完成函数 rect1 的定义，并且程序结束。

3.6.4 绘制等边三角形及其内切圆程序

编写一个 AutoLISP 程序，该程序可以画出一个等边三角形及其内切圆（见图3-4）。该程序还应提示用户输入圆的半径及圆心。

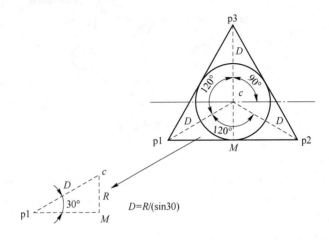

图 3-4 等边三角形及其内切圆

下面为程序清单。

```
(defun dtr(a)
   (*a(Pi 180.0))
)
((defun c:trgcir(/ r c d p1 p2 p3)
(setvar "cmdecho" 0)
(graphscr)
   (setq r(getdist "\n Enter circle radius:"))
   (setq c(getPoint "\n Enter center of circle:"))
   (setq d(/r(sin(dtr 30))))
   (setq p1(Polar c(dtr 210)d))
   (setq p2(Polar c(dtr 330)d))
   (set p3(Polar c(dtr 90) d))
   (command "circle" c r)
   (Command "line" p1 p2 p3 "c")
   (setval "cmdecho" 1)
   (princ)
)
```

3.6.5 绘制带孔的法兰盘程序

编写一个 AutoLISP 程序，生成一个带孔的法兰盘（见图3-5）。程序还应提示用户输入该法兰盘的圆心、直径、孔径、孔数及起始角。

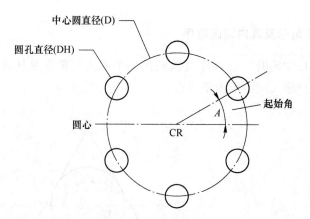

图 3-5　六孔法兰盘

程序清单如下：

```
(defun c:bc1()
(graphscr)
(setvar "cmdecho" 0)
  (setq cr(getpoint "\n Enter center of Bolt-Circle:"))
    (setq d(getdist "\n Dia of Bolt-Circle:"))
    (setq n(getint "\n Number of holes In Bolt-Circle:"))
    (setq a(getangle "\n Enter start angle:"))
    (setq dh(getdist "\n Enter diameter of hole:"))
    (setq inc(/( * 2 pi)n))
    (setq ang 0)
    (set r(/ dh 2))
    (While( < ang( * 2 pi))
    (setq p1(Polar cr( +a inc)(d 2)))
    (command "circle" p1 r)
    (setq a( +a inc))
    (setq ang( +ang inc))
    )
    (setvar "cmdecho" 1)
    (Princ)
    )
```

3.6.6　绘制五角星的程序

五角星如图 3-6 所示。

源程序如下：

```
1  (defun dtr(a)
2  ( * a (/ pi 180.0))
3  )
4  (defun c:fivestar()
5  (setvar "cmdecho" 0)
```

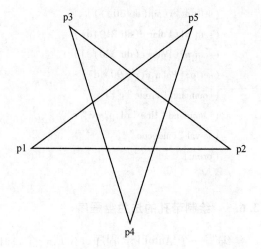

图 3-6　五角星示意

6   （setq d（getdist "\n 输入五星边长:"））

7   （setq p1（getpoint "\n 输入五星顶点:"））

8   （setq p2（polar p1（dtr 0）d））

9   （setq p3（polar p2（dtr 144）d））

10   （setq p4（polar p3（dtr 288）d））

11   （setq p5（polar p4（dtr 72）d））

12   （command "line" p1 p2 p3 p4 p5 "c"）

13   （setvar "cmdecho" 1）

14   （princ）

15   ）

3.6.7　绘制圆组成的阵列图案程序

圆组成的阵列图案如图 3-7 所示。

源程序如下：

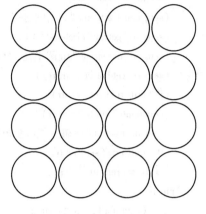

图 3-7　圆组成的阵列图案

```
(defun c:circlerepeat1（）)
(setq po（getpoint "输入第一个圆的圆心:"））
(setq r（getdist "\输入圆的半径 R = ?"））
(setq d（getdist "\输入圆之间的连心距 L = ?"））
    (repeat 4
    (setq p1 po);外循环
    (repeat 4;内循环
    (command "circle" po r   ""）
    (setq po（polar po 0 d））;内循环:圆心沿水平方向移动坐标
    )
    (setq po（polar p1（/ pi 2.0）d））;外循环:圆心沿垂直方向移动坐标
    )
)
```

3.6.8　绘制花瓣的应用程序

花瓣图案如图 3-8 所示。

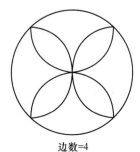

边数=4   边数=6   边数=12

图 3-8　花瓣图案示意

源程序如下：

在 Visual LISP 编辑窗口输入如下代码：

```
(defun c:花瓣( )
   (setvar "cmdecho" 0)
   (setq os (getvar "osmode"))
   (setvar "osmode" 0)
   (setq cen (getpoint "\n 中心点:"))
   (setq srr (getvar "circlerad"))
   (setq str_rr (strcat "\n 圆半径 <" (rtos srr 2) "> :"))
   (setq rr (getdist cen str_rr))
   (if (null rr)(setq rr srr))
   (command "circle" cen rr)
   (setq nn (getint "\n 输入偶数多边形 <6> :"))
   (if (null nn)(setq nn 6))
     (if( = (rem nn 2)0)
(progn
       (setq ang1(/ pi (/ nn 2)))
       (setq ang2( -(/ pi (/ nn 2))))
       (setq pt1(polar cen ang1 rr))
       (setq pt2(polar cen ang2 rr))
       (if( = nn 4)
         (progn
           (setq pt1 (polar cen (/ pi 4)rr))
           (setq pt2 (polar cen ( -(/ pi 4))rr))
           )
         )
       (command "arc" pt1 cen pt2)
       (command "array" (entlast) "" "" "p" cen nn "" "" "")
       )
     (alert "错误!! 请输入一个偶数…")
     )
       (setvar "osmode" os)
       (prin1)
   )
```

3.6.9　绘制墙体图案的应用程序

要求输入墙的宽度与高度、砖的垂直与水平等分数，绘制墙体图案。

源程序如下：

```
(defun C:qiang( )
   (setvar "cmdecho" 0)
   (setq os (getvar "osmode"))
   (setq oldclayer (getvar "clayer"))
```

```
( setvar "osmode" 0 )
( command "undo" "" "be" )
( setq pt1 ( getpoint "砖墙左下角的基准点:" ) )
( setq w ( getdist pt1 "\n 宽度 <95 > :" ) ) ( if ( null w ) ( setq w 95 ) )
( setq h ( getdist pt1 "\n 高度 <55 > :" ) ) ( if ( null h ) ( setq h 55 ) )
( setq m ( getint "\n 垂直方向等分数 <5 > :" ) ) ( if ( null m ) ( setq m 5 ) )
( setq n ( getint "\n 水平方向等分数 <6 > :" ) ) ( if ( null n ) ( setq n 6 ) )
( command "-layer" "" "m" "" "str" "" "c" "4" "" "" )
( setq pt3 ( polar ( polar pt1 0 w ) ( / pi 2 ) h ) )
( command "rectang" pt1 pt3 )
( setq gap_w ( / w n ) gap_h ( / h m ) )
( setq i 1 pa pt1 pb pt1 )
( repeat m
  ( setq pa ( polar pa ( / pi 2 ) gap_h ) )
  ( command "line" pa ( polar pa 0 w ) "" )
  ( if ( = ( rem i 2 ) 1 )
    ( progn
      ( setq pb ( polar pa 0 gap_w ) )
      ( command "line" pb ( polar pb ( * pi 1.5 ) gap_h ) "" )
      ( command "array" ( entlast ) "" "" "r" "1" ( - n 1 ) gap_w )
    )
    ( progn
      ( setq pb ( polar pa 0 ( / gap_w 2 ) ) )
      ( command "line" pb ( polar pb ( * pi 1.5 ) gap_h ) "" )
      ( command "array" ( entlast ) "" "" "r" "1" n gap_w )
    )
  )
  ( setq i ( + 1 i )
  )
( command "-layer" "" "m" "" "dim" "" "c" "1" "" "" )
( command "dim1" "" "ver" pt1 ( polar pt1 ( / pi 2 ) h ) ( polar pt1 pi 10 ) "" )
( command "dim1" "" "hor" pt1 ( polar pt1 0 w ) ( polar pt1 ( * pi 1.5 ) 10 ) "" )
( command "undo" "" "e" )
( setvar "osmode" os )
( setvar "clayer" oldclayer )
( prin1 )
  )
)
```

───── 本 章 小 结 ─────

本章主要介绍了 AutoCAD 二次开发的系统开发特性和开发工具，通过本章的学习，读者应当熟练掌握 AutoLISP 语言的函数、编程方法，其是开发应用系统的重要基础。要求大家熟练掌握 AutoLISP 内部函数，并能运用 AutoLISP 内部函数进行一些简单图形的绘制编辑以及 AutoCAD 图形数据库的访问，具有初步的编程能力。

习　题

3-1　AutoLISP 语言（　　）AutoCAD 软件，并附有 VisualLISP 编译器。

　　A. 外挂于　　　　　　　　　　　　　B. 不属于

　　C. 内嵌于　　　　　　　　　　　　　D. A + B + C

3-2　AutoLISP 语言可以成为（　　）语言。

　　A. 括号式　　　　　　　　　　　　　B. 人工智能

　　C. 表处理　　　　　　　　　　　　　D. A + B + C

3-3　AutoLISP 函数的括号、双引号必须是（　　）。

　　A. 标准的　　　　　　　　　　　　　B. 成双成对

　　C. 中括号形式　　　　　　　　　　　D. 可单可双

3-4　AutoLISP 函数中各元素之间的空格（　　）。

　　A. 可有可无　　　　　　　　　　　　B. 必须一个

　　C. 只能两个　　　　　　　　　　　　D. 至少一个

3-5　编写 AutoLISP 程序的目的是（　　）。

　　A、创造更有用的 AutoCAD 命令　　　B. 实现参数化绘图功能

　　C. 大批量向图面读写文件内容　　　　D. A + B + C

3-6　AutoLISP 文件的后缀是（　　）。

　　A. dwg　　　　　　B. lsp　　　　　　C. 二进制　　　　　　D. ASCII

3-7　AutoLISP 程序运行后释放变量所占内存空间的正确表达式为（　　）。

　　A. (/)　　　　　　　　　　　　　　　B. (/ p0 1d p1 p2 p3 p4)

　　C. (\ p0 1d p1 p2 p3 p4)　　　　　　D. (\ p0, 1d, p1, p2, p3, p4)

3-8　AutoLISP 程序中（PRINC）的意思是（　　）。

　　A. 程序在命令行打印　　　　　　　　B. 程序结束

　　C. 打印一个空行　　　　　　　　　　D. 将结果打印出来

3-9　在 AutoLISP 函数语句后加注释时，应采用的分隔符号为（　　）。

　　A. 分号　　　　　　　　　　　　　　B. 逗号

　　C. 句号　　　　　　　　　　　　　　D. 破折号

3-10　Command：（+2 30 4 50.0）的结果是（　　）。

　　A. 36　　　　　　　　　　　　　　　B. 86

　　C. 86. 0　　　　　　　　　　　　　　D. nil

3-11　用命令函数 Command 编写"从点 pt1 到点 pt2 画一条线"的命令是（　　）。

　　A. （Command "line" pt1 pt2 " "）　　B. （Command "line" pt1 pt2）

　　C. （Command "line" pt2 pt1 " "）　　D. （Command "line" pt2 pt2）

3-12　定义输入矩形的对角点绘制矩形的命令函数。

3-13　编写参数化绘制平键的 AutoLISP 自定义函数。

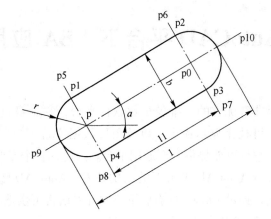

4 AutoCAD 平台下 VBA 应用程序开发

AutoCAD 本身是非常优秀的三维矢量化软件平台，它本身仅提供了基本图元绘制及编辑命令，图元数据可视化显示命令，以及图形数据库管理打印命令。AutoCAD 并没有侧重某个专业领域，它尽可能提供一个通用平台。因此，各个专业领域为实现本专业的实用功能命令，必须进行 AutoCAD 平台下的二次开发。AutoCAD 随着版本的不同，其二次开发手段也有所不同，针对 AutoCAD 有以下二次开发语言可供选择：（1）Auto Lisp／Visual Lisp；（2）VBA；（3）VB；（4）C++；（5）.Net。

本章通过一个简单完整的 VBA 二次开发程序编制，系统地介绍了 VBA 与 AutoCAD 的关系、菜单编制与加载、程序编制与加载等 VBA 二次开发的基本框架内容。

通过本章的学习，应掌握以下内容：

（1）AutoCAD 下的 VBA 编程环境；

（2）AutoCAD 下的菜单编制与加载；

（3）AutoCAD 下的程序编制与加载。

4.1 VBA 简介

4.1.1 什么是 VBA

Visual basic for applications（VBA）是 Visual Basic 的一种宏（Macro）语言，主要用来扩展 Windows 的应用程式功能，特别是 Microsoft Office 软件。VBA 是 VB 的子集，是一种应用程式视觉化的 Basic Script。除了 Office 软件外，AutoCAD、CORELDRAW 等软件也支持 VBA。

4.1.2 VBA 的主要优缺点

VBA 开发速度快，客户的需求一般都是很着急，客户不会太看重过程，更看重结果。VBA 可以帮助用户快速实现想法，VBA 一般嵌入在应用软件之中，与应用软件有很好的接口，不用单独购买开发工具就可以立即着手开发，并可以即时进行跟踪调试。

VBA 代码不能编译，是解释型语言，其代码是裸露可读的，虽然载体应用软件都提供了密码保护，但很容易被破解，形同虚设，因此它不适合大型商业软件开发。

4.1.3 VBA 与 VB 的关系

VBA 是 VB 的子集，两者有非常好的移植性，一般先采用 VBA 完成构思、编码和算法，最后移植到 VB 进行转换和编译。

4.2　AutoCAD 平台下 VBA 概述

VBA 通过 AutoCAD ActiveX Automation 接口将消息发送到 AutoCAD。AutoCAD VBA 允许 VBA 环境与 AutoCAD 同时运行，并通过 ActiveX Automation 接口对 AutoCAD 进行编程控制。AutoCAD、ActiveX Automation 和 VBA 的这种结合方式不仅为操作 AutoCAD 对象，而且为向其他应用程序发送或检索数据提供了功能极为强大的接口。

在 AutoCAD 中有三个定义 AcitveX 和 VBA 编程的基本元素。

第一个是 AutoCAD 本身，它拥有一个丰富的对象集，其中封装了 AutoCAD 图元、数据和命令。因为 AutoCAD 是一个设计为具有多层接口的开放架构应用程序，因此熟悉 AutoCAD 编程功能对于有效使用 VBA 来说是非常必要的。

第二个元素是 AutoCAD ActiveX Automation 接口，它建立与 AutoCAD 对象的消息传递（通信）。在 VBA 中编程需要对 ActiveX Automation 有基本的了解。有经验的 VB 编程人员会发现，要理解和开发 AutoCAD VBA 应用程序，AutoCAD ActiveX Automation 接口是非常重要的。

第三个元素是 VBA 编程环境，它具有自己的对象集、关键字和常量等，能提供程序流、控制、调试和执行等功能。

在 AutoCAD 中实现 VBA 有六大优点：

（1）VBA 及其编程环境易于学习和使用。

（2）VBA 可与 AutoCAD 在同一进程空间中运行。这使程序执行得非常快速。

（3）VBA 开发人员可以快速构造所需对话框，建立界面友好的应用程序，并迅速收到设计的反馈信息。

（4）VBA 工程可以是独立的，也可以嵌入到图形中。这样就为开发人员提供了非常灵活的方式来发布他们的应用程序。

（5）VBA 程序也可以方便移植到 VB 编程环境中进行编译，构建动态链接库后供 VBA 调用使用，解决了 VBA 代码不可编译及保密性弱的问题。同时为 OFFICE 程序（主要应用于 EXCEL）数据交换提供了功能极为强大的接口。

（6）VBA 程序同样可以调用 ARX 编译的动态链接库，以及使用 LISP 程序所提供的扩展功能。

4.3　VBA 编程环境

4.3.1　VBA 编辑器

Visual basic editor（VBE）是 VBA 的容器，它用于存放 VBA 代码。VBE 窗口包括很多组件，主要包括菜单栏、工具栏、代码窗口、立即窗口、工程资源管理器、属性窗口、工具箱等。窗体设计下 VBA 界面见图 4-1，代码编制下 VBA 界面见图 4-2。

4.3.1.1　菜单栏与工具栏

菜单栏中包括文件、编辑、视图、插入、格式、调试、运行、工具、外部程序、窗口及帮助等菜单，见图 4-3。

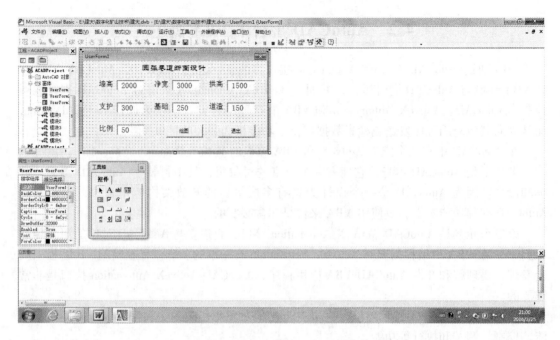

图 4-1　窗体设计下 VBA 界面

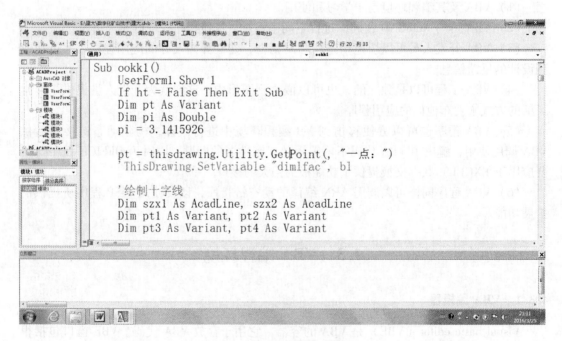

图 4-2　代码编制下 VBA 界面

图 4-3　菜单栏界面

工具栏中包括标准、编辑、调试及窗口等操作快捷工具按钮，根据编程需要可以自定义工具栏按钮组合样式。

4.3.1.2 工程资源管理器

工程资源管理器与 Windows 文件管理器类似，采用树形结构管理已加载的所有 VBA 工程，具体见图4-4。每个 VBA 工程都包含有 AutoCAD 对象，除此之外根据程序编制需要，可能还会包括窗体、模块及类模块。Thisdrawing 是 AutoCAD 对象（AcadDocument）的一个实例，即当前 AutoCAD 绘图文档，它包含了 AutoCAD 操作中的众多事件模块，可以在事件模块编制所需代码。窗体中包含程序所需的所有窗体。VBA 工程中主要模块代码都被管理在模块中。根据编程需要，有时要创建自己的类文件，程序中所有的类文件都被管理在类模块中。

图 4-4　资源管理器界面

4.3.1.3 属性窗口与立即窗口

属性窗口根据当前编辑对象的内容不同而显示不同的内容，见图4-5。

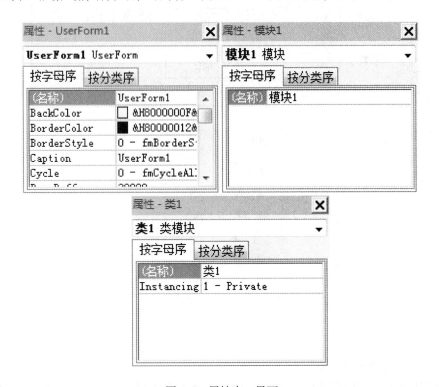

图 4-5　属性窗口界面

立即窗口一方面可以显示程序调试过程中 Debug 的输出，另一方面可以执行函数、表达式及变量的执行结果，立即窗口界面见图4-6。

```
立即窗口                                                                          ×
?6+7
 13
?chr(35)
#
```

图 4-6   立即窗口界面

4.3.1.4   窗体设计与工具箱

当 VBA 工程中增加一个窗体，就会在工程资源管理器窗体中多出一个窗体对象，此窗体对象显示为空白的对话框，它是容纳其他控件的容器。工具箱窗口中显示众多窗体常用的标准控件，根据程序设计需要通过拖拽可以快速地在窗体中加入相应的控件。窗体界面见图 4-7。

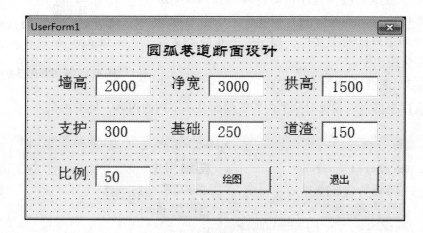

图 4-7   窗体界面

4.3.1.5   代码窗口

代码窗口是专门用来进行程序设计的窗口，可在其中显示和编辑程序代码（如图 4-8 所示）。代码窗口上面有两个下拉列表框，左边是"对象"下拉列表框，可以选择不同的对象名称；右边是"过程"下拉列表框，可以选择不同的事件过程名称，还可以选择用户自定义过程的名称。

```
(通用)                                          ▼  ookk1                                    ▼
Sub ookk3()
MsgBox Time
End Sub
Sub ookk1()
    UserForm1.Show 1
    If ht = False Then Exit Sub
    Dim pt As Variant
    Dim pi As Double
    pi = 3.1415926

    pt = thisdrawing.Utility.GetPoint(, "一点: ")
    'ThisDrawing.SetVariable "dimlfac", bl

    '绘制十字线
    Dim szx1 As AcadLine, szx2 As AcadLine
```

图 4-8　代码窗口界面

4.3.2　VBA 工程管理

AutoCAD 中对 VBA 工程管理命令是 VBAMAN，其下拉菜单位置在【工具】→【宏】→【VBA 管理器】。由其负责加载、卸载、保存、创建、嵌入和提取 VBA 工程。VBA 管理器界面见图 4-9。

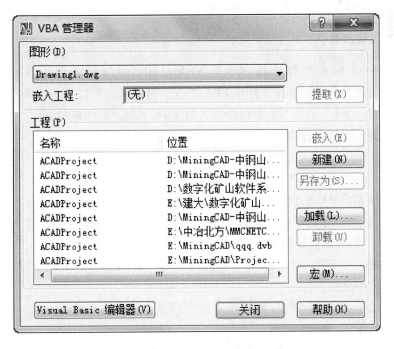

图 4-9　VBA 管理器

（1）图形：指定活动图形。列表包含当前工作任务中打开的所有图形。

（2）嵌入工程：指定图形嵌入工程的名称。如果图形不包含嵌入工程，则显示"（无）"。

（3）提取：将图形中的嵌入工程移出并添加到全局工程文件中。如果尚未保存此工程，程序将提示用户保存此工程。

如果选择"是"，将显示"另存为"对话框，可在其中指定工程的文件名和位置。

如果选择"否"，工程将被提取并被赋予一个临时工程名。

如果选择"取消"，则提取操作被取消，系统返回 VBA 管理器。

（4）工程：列出当前工作任务中所有当前可用的工程名称和位置。

（5）嵌入：将选定的工程嵌入到指定的图形中。一个图形中只能包含一个嵌入工程。不能将工程嵌入到已包含嵌入工程的图形中。

（6）新建：用默认名称"全局 n"创建新工程，其中 n 是一个与创建顺序相关的数字，每创建一个新工程，n 就会递增。

（7）另存为：保存全局工程。仅当选择未保存的全局工程时，此选项才可用。

（8）加载：显示"打开 VBA 工程"对话框（与 VBALOAD 命令一致），其中用户可以将现有的工程加载到当前工作任务中。

（9）卸载：卸载选定的全局工程。

（10）宏：显示"宏"对话框（与 VBARUN 命令一致），从中可以运行、编辑或删除 VBA 宏。

（11）Visual Basic 编辑器：显示"Visual Basic 编辑器"对话框（与 VBAIDE 命令一致），从中可以编辑 VBA 工程的窗体和代码。

4.3.3　VBA 工程加载

AutoCAD 中对 VBA 工程加载命令是 VBALOAD，其下拉菜单位置在【工具】→【宏】→【加载工程】。将显示"打开 VBA 工程"对话框，可以加载 VBA 工程，但不能加载嵌入的 VBA 工程。如果图形中包括嵌入的 VBA 工程，则图形打开时，这些工程被加载；图形关闭时，工程被卸载。加载 VBA 工程界面具体见图 4-10。

4.3.4　宏管理

AutoCAD 中对 VBA 工程加载命令是 VBALRUN，其下拉菜单位置在【工具】→【宏】→【宏】。可以运行、编辑或删除 VBA 宏。也可以创建新宏、设置 VBA 选项和显示 VBA 管理器。宏编辑器见图 4-11。

（1）宏名称：指定要运行、编辑、删除或创建的宏的名称。从可用宏列表中选择一个名称或输入一个名称。

（2）宏列表：列出在"宏位置"选定的图形或工程中找到的所有宏。双击列表中的宏名称可以运行该宏。

（3）宏位置：指定其宏列出在宏列表中的工程或图形。用户可以选择列出所有图形和工程中的宏、所有图形中的宏、所有工程中的宏、当前打开的任意图形中的宏或当前加载的任意工程中的宏。如果未列出工程或图形，则单击"VBA 管理器"进行加载。

图 4-10 加载 VBA 工程界面

图 4-11 宏编辑器

（4）运行：运行选定的宏。

（5）逐语句：显示"Visual Basic 编辑器"并开始执行宏。执行操作将停留在第一行可执行的代码处。

（6）编辑：显示"Visual Basic 编辑器"和选定的宏。

（7）创建：用"宏名称"中指定的名称来创建宏，然后显示"Visual Basic 编辑器"和新宏的空程序框架。

如果新宏没有指定工程文件或图形，将显示"选择工程"对话框。

如果具有指定名称的宏已存在，程序将提示是否替换现有的宏。

如果选择"是"，现有宏中的代码将被删除，并使用指定的名称创建一个空的新宏。

如果选择"否"，则返回"宏"对话框，用户可重新输入宏名称。

（8）删除：删除选定的宏。

（9）VBA 管理器：显示 VBA 管理器。

（10）选项：显示 VBA "选项"对话框，设置当前工作任务的特定 VBA 选项，具体见图 4-12。

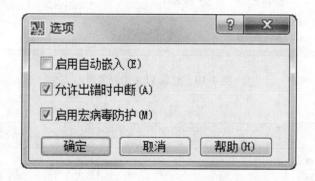

图 4-12　VBA "选项"对话框

1）启用自动嵌入（E）：打开图形时，自动为所有图形创建一个嵌入 VBA 工程。

2）允许出错时中断（A）：出错时，允许 VBA 进入"中断"模式。"中断"模式是开发环境中程序执行的临时暂停。在"中断"模式中，用户可检查、调试、重置、单步执行或继续执行程序。

3）启用宏病毒防护（M）：启用 VBA 宏的病毒防护机制。每当用户打开一个可能包含宏病毒的图形时，病毒防护机制都显示一条内置的警告信息。

4.4　一个完整二次开发程序

本程序是在当前图形中通过下拉菜单命令绘制两个同心圆。完整的程序开发包括：程序的编制、菜单的编制、程序及菜单的加载。

4.4.1　程序编制

运行 VBA 管理器，点击"新建"，在工程列表中会增加一个新的 VBA 工程，点击

"Visual Basic 编辑器", 进入 VBA 编辑器界面。在 VBA 工程属性窗口会发现刚刚新建的 VBA 工程。在该窗口内单击右键, 在快捷菜单中选择【插入】→【模块】(与菜单栏【插入】→【模块】一致), 会有新的模块出现。双节该模块名称, 代码窗口进入该模块的编辑方式, 键入相应的代码, 过程 TXY 即为名为 TXY 的宏。VBA 管理器具体见图 4-13。

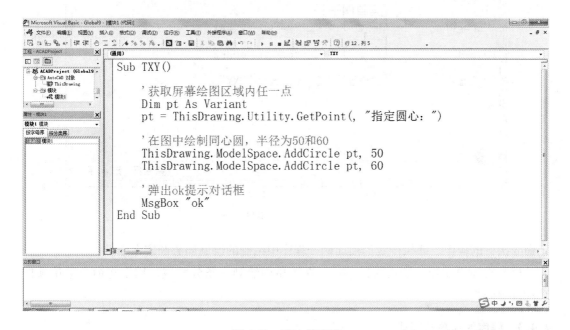

图 4-13   VBA 管理器

代码编写完毕, 单击【文件】→【保存】命令, 按所键入名称保存 VBA 工程文件, 本例子保存 VBA 工程文件为"例子.dvb", 至此程序编写完成。

4.4.2 菜单编制

打开记事本, 键入内容如图 4-14 所示, 并保存文件。后缀改为 mnu 即为 AutoCAD 菜单文件。本例子菜单文件为"例子.mnu"。

(1) 为菜单设置唯一的名称××××, 放在菜单文件首行格式为: *** Menugroup = ××××。

(2) 菜单部分标签, 下拉菜单的格式为: *** POPx。该行代表是一组下拉菜单, x 数字代表该组菜单在下拉菜单中的位置, 对于多个自定义下拉菜单的加载, AutoCAD 会按下拉菜单加载顺序自动排布, 与 x 数字无关。

(3) 菜单组名, 格式为: [××××]。本组下拉菜单在菜单栏显示的菜单名称是"菜单例子"。

(4) 命令菜单项, 如 ID_SDM23。[命令 1] ^C^C_-vbarun "TXY"所示, 命令菜单项由三部分组成。命令名称标记 (如 ID_SDM23), 只有与帮助结合才有意义。命令标签 (如 [命令 1]), 作为下拉菜单中命令显示给用户。命令菜单宏 (如^C^C_-vbarun "TXY"), 用

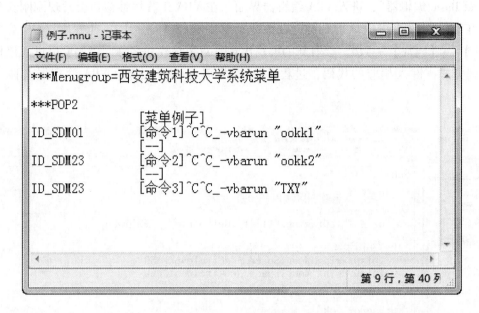

图 4-14 记事本界面

于命令执行的操作。即执行我们前面例子程序中编制的绘制同心圆宏命令。

（5）分割菜单项，格式为：[--]。在菜单中绘制一条分割线，用于将命令菜单项按功能进行分割。

4.4.3 程序的加载与卸载

程序的加载及自动加载方式很多，在此给出程序一个自动加载的方法。所谓自动加载是指每当 AutoCAD 启动，相应程序会自动加载。

执行【工具】→【加载应用程序】命令，单击"启动组"中"内容"，弹出启动组对话框，找到我们所需程序进行添加或删除，完成程序的加载与卸载。此处加载程序可以实现该程序的自动加载。应用程序加载/卸载界面见图 4-15。

4.4.4 菜单的加载与卸载

菜单自动加载可以使用 MENULOAD 命令，执行此命令弹出菜单加载对话框，找到我们所需菜单进行加载与卸载。此处加载菜单可以实现该菜单的自动加载。菜单加载/卸载界面见图 4-16。

4.4.5 程序执行

启动 AutoCAD 程序，按照上面加载方式完成菜单和程序的加载，菜单和程序的加载没有顺序要求。关闭 AutoCAD 程序，并再次启动。在菜单栏会出现【例子菜单】，执行【例子菜单】→【命令 3】命令，在屏幕上任意选取一点，会自动绘制两个同心圆。程序执行界面见图 4-17。

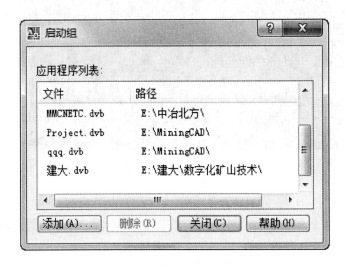

图 4-15　应用程序加载/卸载界面

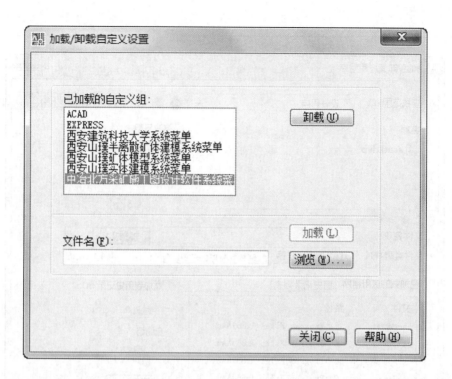

图 4-16　菜单加载/卸载界面

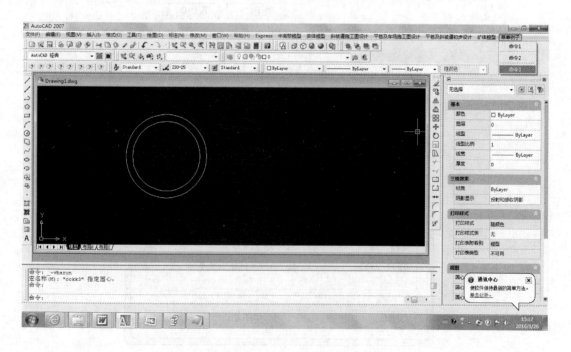

图 4-17　程序执行界面

─────**本 章 小 结**─────

　　本章主要介绍了 VBA 语言以及其编程环境，完整的 VBA 二次开发的过程，通过本章的学习，读者应当掌握简单的 VBA 语言，搭建 VBA 编程环境，能够独立完成一次简单的二次开发程序。

习　　题

4-1　VBA 和 VB 的主要区别：VB 用于创建标准的应用程序，VBA 是使已有的应用程序（Office）_____。VB 具有自己的开发环境，VBA _____已有的应用程序（Office）。VB 开发出的应用程序可以是可执行文件（＊.EXE），VBA 开发的程序必须_____它的"父"应用程序（Office）。

4-2　VBA 编程中涉及的对象有_____、_____、_____等。

4-3　定义用户窗体：

　　（1）选择"工具 | 宏 | Visual Basic 编辑器"菜单或用_____快捷键，打开 VBA 编辑器。

　　（2）在 VBA 编辑器中选择工具栏上的_____按钮或者在"插入"菜单选_____项。

4-4　新建一个窗体，放置两个按钮和一个文字框控件。按钮的标题分别定义为"显示"和"清除"单击显示按钮，在文字框中显示一行文字，单击"清除"按钮，清除文字框中的文字。请写出设计步骤和主要代码。

4-5　在 VBA 环境中建立和运行一个显示消息框的过程，可按以下步骤进行：

　　（1）选择_____菜单，打开 VBA 编辑器窗口。

　　（2）在工具栏上单击_____按钮，打开"工程资源管理器"窗口。

　　（3）插入模块、添加过程、在过程中输入下列代码段：

　　Public Sub 显示消息框（）Msgbox "这是我的第一个过程" End Sub

　　（4）使用"运行"菜单的_____项（或 F5）运行程序。

4-6　试说明下面语句的作用：

Range("A1:B5").ClearContents　　_____

Range("A:B").ClearFormats　　_____

Range("1:1,3:3,8:8").Clear　　_____

5 VBA 语言基础

使用计算机程序语言开发应用程序就是对数据的操作，数据类型及其在内存中的存储形式是计算机程序语言的基础。对数据的操作通常采用变量形式进行，要求变量应具有数据类型属性。运算符包括算术运算符、字符串运算符、关系运算符、连接运算符。VBA 自带函数库提供上百个内部函数，实现常用的各种计算和操作。由数据、变量、运算符和内部函数共同组成表达式。表达式是完成数据操作的基础形式。

本章主要讲述由以上内容所构建的 VBA 语言基础，通过本章学习应该掌握主要内容如下：

（1）掌握各种常用数据类型的数据在内存中的存放形式；
（2）理解变量与常量的概念，掌握其定义和使用方法；
（3）掌握各种运算符、表达式的使用方法；
（4）掌握常用内部函数的使用。

5.1 数 据 类 型

数据类型作为变量的特性，用来决定可保存何种数据。VBA 提供了七种数据类型：
数值型、字符串型（string）、布尔型（boolean）、日期型（date）、对象型（object）、
变体型（variant），以及自定义类型（记录类型）。

5.1.1 数值型

数值型数据的主要用途是进行各种数值运算，它包括：整数类型、浮点数类型，以及货币型（currency）。此外，字节型（byte）数据也可用于数值计算。

（1）整数类型。

1）整型（integer）。内存占据 2 字节，标识符为百分号（%），范围为 − 32768 ~ 32767，运算速度快。

2）长整型（long）。内存占据 4 字节，标识符为 &，范围为 − 2147483648 ~ 2147483647，运算速度快。

（2）浮点数类型。

1）单精度型（single）。内存占据 4 字节，标识符为!，范围可达 38 位数字，前 7 位可靠，运算比整型和长整型慢。

2）双精度型（double）。内存占据 8 字节，标识符为#，范围可达 300 多位，但是可靠的只有前 16 位数字，运算比整型和长整型慢。

（3）货币型（currency）。内存占据 8 字节，标识符为@，小数点右边 4 位，左边 15 位。

（4）字节型（byte）。内存占据 1 字节（8 位），其取值范围为：0～255，是一个无符号整数。

5.1.2 字符串型

内存占据与字符串长度相关，标识符为 $，在字符串中包含的字符个数称为字符串长度。

（1）变长字符串（string）。字符串长度范围在 0 到大约 20 亿。

（2）定长字符串（string * size）：字符串长度范围在 1 到大约 65400。

5.1.3 布尔型

内存占据 2 字节，只有 True 或 False 两个值。

5.1.4 日期型

内存占据 8 字节，日期型数据用来表示日期和时间，可以同时表示日期和时间。其允许的日期范围：公元 100 年 1 月 1 日～9999 年 12 月 31 日，时间范围：00:00:00～23:59:59。

5.1.5 对象型

内存占据 8 字节，对象型数据可用来表示任何对象的引用，例如表示图形对象、OLE 对象等等。

5.1.6 变体型

内存占据根据实际情况分配，如代表数值时内存占用 16 字节，代表字符串时内存占用 22 字节外加字符串长度。如果不告诉 VBA，变量是什么类型，VBA 就自动把它看成变体型。变体型的意思就是它没有类型，或者是任何类型。如果声明了 Variant 变量而未赋值，则其值为 Empty。

5.1.7 自定义类型

除了以上系统预定义的基本数据类型外，VBA 还允许用户在模块级别中，定义包含一个或多个元素的数据类型。其格式为：

Type 数据类型名
    数据元素名 1　As　数据类型名 1
    数据元素名 2　As　数据类型名 2
    …
End Type

使用 Type 语句时应注意以下几点：

（1）在使用自定义类型之前，必须先用 Type 语句进行定义。

（2）在自定义类型中可以使用字符串，但必须是定长字符串。

（3）在自定义类型中不能含有数组。

例如，可定义一个表示学生的自定义数据类型如下所示：

```
Type Student
      Name As String * 6
       Age As Integer
      Weight As Single
End Type
```

5.2　常量与变量

5.2.1　常量

（1）符号常量。在 VBA 中，允许定义一个标识符来表示常量，称为符号常量。定义符号常量的一般格式为：

Const　　常量名　［As 数据类型］＝表达式

其中，"Const"是定义符号常量的关键字。"常量名"是一个标识符，命名规则与标识符相同。

例如，Const　PI　As　Single＝3.1415926

　　　　　　Const　inputPro $ ="请输入一个整数:"

（2）系统常量。系统常量是由系统预定义的符号常量。这些常量均以小写字母 vb 开头，并可在程序中直接使用，例如，vbCrLf、vbYesNot 等。在程序中使用系统常量，可以提高程序的可阅读性。

5.2.2　变量

所谓变量，是指在程序运行过程中其值可以被改变的量。变量的名字称为变量名，变量的数据类型决定了变量的存储空间及其取值范围。在程序中可以通过变量名来访问变量。

程序总是要做三件事：（1）获取数据；（2）处理数据；（3）输出数据。

在程序运行时，这些数据被储存在变量里，变量可理解为计算机内存条上的一个微观的东西。一旦关机，变量就消失了。变量在 VBA 里有两种类型：（1）程序员建立的变量；（2）对象的属性往往也看成变量。

变量定义必须满足条件如下：

（1）字母开头；

（2）不超过 40 个字；

（3）只包括字母，数字，下划线；

（4）不与保留字相同。

5.2.2.1　定义变量

变量定义的一般格式为：

Dim［Public, Private］　变量名　［As　数据类型］

其中，"Dim, Public, Private"是定义变量的关键字。"变量名"是一个标识符，其命名应满足标识符命名规则。当省略 As 子句时，系统默认变量为 Variant 型（变体类型）。

定义变量举例：

Dim　count　As　Integer　　　　　　　'定义变量 count 为整型

Dim num As Single	'定义变量 num 为单精度型
Dim a1	'定义量 a1,默认为变体类型
Dim m As Integer, n As Double	'定义 m 为整型,n 为双精度型
Dim x, y, z As Integer	'定义 x 和 y 为变体类型,z 为整型
Dim ent As Object	'定义 ent 为一个对象
Dim stu As Student	'定义 stu 为一个自定义类型

变量的初值:数值型变量为 0,字符或变体型变量空串,布尔型变量为 False。

5.2.2.2 变量赋值

变量赋值的一般格式为:

[Let] 变量名 = 表达式

Set 变量名 = 对象

变量赋值举例:(与定义变量对照)

Count = 100

Num = 99.9999

a1 = 200 或 a1 = 3.14 或 a1 = "西安建筑科技大学"

Set ent = AcadApplication

stu. Name = "李明"

stu. Age = 19

stu. Weight = 65.5

5.2.2.3 变换变量类型

有时需要确定变量的真实数据类型。可用 VarType(变量名)函数进行检测出变量的真实数据类型。VarType(变量名)函数的返回值含义如下:

0——空;1——无效;2——整形;3——长整形;4——单精度;5——双精度;6——货币;7——日期;8——字符;9——OLE 对象;10——错误。

有时也需要将一种变量类型变成另一种变量类型,表 5-1 列出了进行变量类型转换的函数。

表 5-1 变量类型转换函数

函数	说 明	函数	说 明
Asc	将变量字符串中首字母的转换为字符代码	Chr	将变量字符代码转换为相关的字符
Val	将变量转成数值型,从左至右转,直到遇到第一个非数字为止	Str	将变量转成字符型,会在最前保留一符号位,正号时前为空格
Format	将按格式返回字符	StrConv	转换字符编码
Cbool	将变元变成布尔值	CLng	将变元变成长整型值
Cbyte	将变元变成字节值	CSng	将变元变成单精度值
CCur	将变元变成货币型值	CStr	将变元变成字符串值
CDate	将变元变成日期值	Cvar	将变元变成变体值
CDbl	将变元变成双精度值	CVErr	将变元变成错误值
CInt	将变元变成整型值		

例如要将如下的初始化变量:

Dim A As Integer

变成双精度值，可用下列函数：

B = CDbl(A)

需要说明的是 CInt 函数和 CLng 函数在转换过程中先进行了四舍五入操作。例如：
CInt(99.9) = 100；CInt(99.3) = 99；CInt(-99.9) = -100；CInt(-99.3) = -99。

5.3　运算符与表达式

（1）算术运算符：

表 5-2 中，假定变量 A = 2，则相应表达式示例运算结果如表 5-2 最后一列所示。

表 5-2　算术运算符

运算符	含义	优先级	表达式示例	运算结果
^	指数	1	A^3	8
−	取负	2	−A	−2
*	乘法	3	A * 3	6
/	除法	3	9/A	4.5
\	取整	4	9\A	4
Mod	求余	5	9 mod A	1
+	加法	6	A + 8.1	10.1
−	减法	6	7.5 − A	5.5

（2）算术表达式。编写算术表达式注意事项如下：

1）运算符不能相邻。例 $a + * b$ 是错误的，空格不能省略。

2）乘号不能省略。例 x 乘以 y 应写成：$x * y$。

3）括号必须成对出现，均使用圆括号。

4）表达式从左到右在同一基准并排书写，不能出现上下标。

5）要注意各种运算符的优先级别，为保持运算顺序，在写 VBA 表达式时需要适当添加括号（），若用到库函数必须按库函数要求书写。

例如：

$$\frac{a+b}{a-b} \Leftrightarrow (a+b)/(a-b)$$

$$\frac{b - \sqrt{b^2 - 4ac}}{2a} \Leftrightarrow (b - sqr(b - 4 * a * c))/(2 * a)$$

（3）字符串运算符。

字符串运算符"+"和"&"用于字符串连接，示例见表 5-3。

表 5-3　字符串运算符

运算符	含义	优先级	表达式示例	运算结果
+	字符串连接	7	"AA" + "BB"	AABB
&			"DD" & "BB"	DDBB

字符串运算符"+"和"&"的区别是：

"+"(连接运算)：两个操作数均应为字符串类型；

"&"(连接运算)：两个操作数既可为字符型也可为数值型，当是数值型时，系统自动先将其转换为数字字符，然后进行连接操作。

例如：

```
"100" + 123        '结果为 223
"100" + "123"      '结果为 100123
"Abc" + 123        '出错
"100" & 123        '结果为 100123
100 & 123          '结果为 100123
"Abc" & "123"      '结果为 Abc123
"Abc" & 123        '结果为 Abc123
```

（4）关系运算符。

关系运算符示例见表 5-4。

表 5-4　关系运算符

运算符	含　义	优先级	表达式示例	运算结果
=	等于	8	"xyz" = "xy"	False
< >	不等于	8	"xyz" < > "XYZ"	True
>	大于	8	15 > 3	True
> =	大于等于	8	"中国" > "China"	True
<	小于	8	15 < 3	False
< =	小于等于	8	"15" < = "3"	True
Like	字符串匹配比较	8	"a3bc"Like"? #b *"	Ture
Is	对象比较	8	Obj1 is obj2	False 或 Ture

（5）关系表达式。

1）如果两个操作数是数值型，则按其大小比较；如果一个是数值型，另一个是数字字符型，则系统会先将数字字符型转换成数值型再进行数值大小比较；如果一个是数值型，另一个是非数字字符型，则系统出错。

2）如果两个操作数是字符型，则按字符的 ASCII 码值从左到右一一比较。

3）在使用 Like 运算符时，"?"、" * "和 "#" 在字符串中代表通配符，"?"代表任意一个字符，" * "代表任意一个字符串，"#"代表任意一个数字。

4）在使用 is 运算符时，如果两个对象都指相同引用返回为真，否则为假。例如：

```
Set YourObject = MyObject    '指定对象引用
Set ThisObject = MyObject
Set ThatObject = OtherObject
MyCheck = YourObject Is ThisObject    '返回 True
MyCheck = ThatObject Is ThisObject    '返回 False
```

（6）逻辑运算符。

逻辑运算符示例见表 5-5。

表 5-5　逻辑运算符

运算符	含义	优先级	表达式示例	运算结果
Not	取反	9	Not True	False
			Not False	True
And	与	10	True And True	True
			False And False	False
			True And False	False
			False And True	False
Or	或	11	True Or True	True
			False Or False	False
			True Or False	True
			False Or True	True
Xor	异或	11	True Xor True	False
			False Xor False	False
			True Xor False	True
			False Xor True	True
Eqv	等价	12	True Eqv True	True
			False Eqv False	True
			True Eqv False	False
			False Eqv True	False
Imp	蕴含	13	True Imp True	True
			False Imp False	True
			True Imp False	False
			False Imp True	True

5.4　内部函数

为了方便编程时表达的需求，VBA 为我们提供了大量的标准函数，通常称为内部函数，以便我们在需要时进行相应的调用。内部函数按其功能大致可分为转换函数、数学函数、字符串操作函数、日期时间函数、随机函数、格式输出函数、文件操作函数等等。

函数调用方法：

（1）函数名（参数列表）；有参函数。

（2）函数名；无参函数。

函数使用注意说明：

（1）使用库函数要注意参数的个数及其参数的数据类型。

（2）要注意函数的定义域（自变量或参数的取值范围）。

例如：sqr（x），要求：x≥0。

（3）要注意函数的值域。

例如：exp（23773）的值就超出实数在计算机中的表示范围。

5.4.1　数学函数（Pi 为圆周率）

数学函数示例见表5-6。

表 5-6　数学函数

函　数	说　明	表达式示例	结　果
Sin	正弦函数	Sin（Pi/6）	0.5
Cos	余弦函数	Cos（Pi/3）	0.5
Tan	正切函数	Tan（Pi/4）	1
Atn	反正切函数	Atn（1）	Pi/4
Abs	绝对值函数	Abs（−2）	2
Exp	e 的指定次幂函数	Exp（1）	2.7182
Log	x 的自然对数	Log（2）	0.6931
Sqr	平方根函数	Sqr（100）	10
Rnd	随机数值	Rnd	0~1 之间随机数
Int	取整函数	Int（9.9）；Int（−9.9）	9；−10
Fix	取整函数	Fix（9.9）；Fix（−9.9）	9；−9
Sgn	符号函数	Sgn（5）；Sgn（−5）	1；−1

5.4.2　字符串操作函数

字符串操作函数示例见表5-7。

表 5-7　字符串操作函数

函数	说　明	表达式示例	结　果
Strcomp	字符串比较	StrComp（"qq"，"qq"）	0
Lcase	字符串转成小写	Lcase（"AAa"）	"Aaa"
Ucase	字符串转成大写	Lcase（"Aaa"）	"AAA"
Spase	返回特定数目空格	Space（5）	5 个空格字符串
String	返回特定数目字符串	String（5，"*"）	"*****"
Len	返回字符串长度	Len（"MyString"）	8
Instr	返回一字符串在另一字符串中最先出现的位置	Instr（"sqsdsd"，"ds"）	4
Left	返回字符串中从左边算起指定数量的字符	Left（"sqsdsd"，4）	"sqsd"
Right	返回字符串中从右边算起指定数量的字符	Right（"sqsdsd"，4）	"sdsd"
Mid	返回字符串中指定数量的字符	Mid（"FuDem"，4） Mid（"FuDem"，4，2）	"Dem" "De"

函数	说　明	表达式示例	结　果
Ltrim	返回左边无空格字符串	Ltrim（"Dem"）	"Dem"
Rtrim	返回右边无空格字符串	Rtrim（"Dem"）	"Dem"
Trim	返回左右无空格字符串	Trim（"Dem"）	"Dem"
Split	返回字符串按分隔符分解所得到的一维数组	s = Split（"a/b/c"，"/"）	s(0) = "a" s(2) = "c"
Join	返回一维数组按分隔符连接的字符串	s = split（"a/b/c"，"/"） z = join（s，"\"）	z = "a\b\c"

5.4.3　日期函数

日期函数示例见表 5-8。

表 5-8　日期函数

函数	说　明	表达式示例	结　果
Now	系统当前日期和时间	Now	2017/9/5 11:20:21
Date	系统当前日期	Date	2017/9/5
Time	系统当前时间	Time	11:20:21
Timer	从午夜到现在总秒数	Timer	41098.43
Year	返回某个日期的年份	Year（now）	2017
Month	返回某个日期的月份	Month（now）	9
Day	返回某个日期的某日	Day（now）	5
Hour	返回某个时间的时钟	Hour（now）	11
Minute	返回某个时间的分钟	Minute（now）	20
Second	返回某个时间的秒钟	Second（now）	21
Weekday	返回某日期是星期几	Weekday（now，2）	2
DateAdd	返回某一日期加（减）一段时间后所得日期	DateAdd（"m"，1，date）	2017/10/5
DateDiff	返回两个指定日期间的时间间隔数目	DateDiff（"m"，"2017/9/5"，"2017/10/5"）	1
DatePart	返回已知日期指定时间部分的数据	DatePart（"m"，date） DatePart（"d"，date）	9 5
DateSerial	年月日转换为日期	DateSerial（1970，5，26）	1970/5/26
DateValue	字符串转换为日期	DateValue（"Dec3，2017"）	2017/12/3
TimeSerial	时分秒转换为时间	TimeSerial（16，35，17）	16:35:17
TimeValue	字符串转换为时间	TimeValue（"4:35:17 pm"）	16:35:17

5.4.4 格式输出函数

格式输出函数示例见表 5-9。

表 5-9 格式输出函数

函数	说　明	表达式示例	结　果
Format	根据格式表达式中的指令来格式化输出	Format（Date，"dddd，mmm d yyyy"）	Tuesday，Sep 5
		Format（Date，"mm/dd/yyyy"）	2017
		Format（5459.4，"##，##.00"）	09/05/2017
		Format（334.9，"###0.00"）	5，459.40
		Format（0.521，"0.0%"）	334.90
		Format（"HELLO"，"<"）	52.1%
		Format（"Hello"，">）	"hello" "HELLO"

其中，Format 里的格式字符含义见表 5-10。

表 5-10 Format 中格式字符含义

字符	意　义	字符	意　义
0	显示一数字，若此位置没有数字则补0	.	小数点
#	显示多数字，若此位置没有数字则不显示	,	千位的分隔符
%	数字乘以100并在右边加上"%"号	- + $ ( )	这些字出现在格式字符串中将原样打出

5.5 程序控制结构

按照结构化程序设计的思想，程序都是由三种基本结构组成的：顺序结构、选择结构和循环结构，如图 5-1 所示。

5.5.1 顺序结构

顺序结构就是各语句按出现的先后次序执行。一般的程序设计语言中，顺序结构的语句主要是赋值语句、输入/输出语句等。在 VBA 中有人机交互的输入函数 InputBox（）、输出函数 MsgBox（）。

5.5.1.1 InputBox（）函数

InputBox（）函数可以产生一个对话框，这个对话框作为输入数据的界面，等待用户输入数据，当用户单击"确定"按钮或回车时，函数返回输入的值，类型为字符型。函

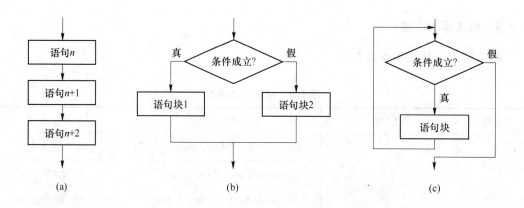

图 5-1　程序的三种基本结构

（a）顺序结构；（b）选择结构；（c）循环结构

数格式如下：

变量 $ = InputBox(prompt[, title][, default][, xpos][, ypos][, helpfile , context])

其中：Prompt 是必须的，对话框消息出现的字符串表达式；Title 是可选的，显示对话框标题栏中的字符串表达式；default 是可选的，显示文本框中的字符串表达式。

例子：

Name = InputBox("请输入您的姓名:" , "信息录入系统:" , "李明")

执行此语句将弹出输入对话框，输入姓名并按确定，变量 Name 被赋值。

对话框界面如图 5-2 所示。

图 5-2　对话框界面

5.5.1.2　MsgBox（）函数

MsgBox（）函数可以产生一个消息框，等待用户选择按钮，当用户单击某个按钮时，函数返回按钮的值，类型为整型，如表 5-11 所示。

函数格式如下：

变量% = MsgBox(prompt[, buttons][, title][, helpfile , context])

其中：Prompt 是必须的，对话框消息出现的字符串表达式；buttons 是可选的，指定显示按钮的数目及形式；Title 是可选的，显示对话框标题栏中的字符串表达式。

表 5-11　MsgBox（）函数按钮介绍

分　组	内部常数	buttons	描　　述
按钮数目	VBOkOnly	0	只显示"确定"按钮
	VBOkCancel	1	显示"确定""取消"按钮
	VBAboutRetryignre	2	显示"终止""重试""忽略"按钮
	VBYesNoCancel	3	显示"是""否""取消"按钮
	VBYesNo	4	显示"是""否"按钮
	VBRetryCancel	5	显示"重试""取消"按钮
图标类型	VBCritical	16	关键信息图标红色 STOP 标志
	VBQusetion	32	询问信息图标?
	VBExclsmation	48	警告信息图标!
	VBinformation	64	信息图标 i
默认按钮	VBDefaultButton1	0	第 1 个按钮为默认
	VBDefaultButton2	256	第 2 个按钮为默认
	VBDefaultButton3	512	第 3 个按钮为默认
	VBDefaultButton3	768	第 4 个按钮为默认

MsgBox（）函数返回所选按钮整数值的意义如表 5-12 所示。

表 5-12　MsgBox（）函数按钮介绍

内部常数	返　回　值	被单击的按钮
VBOk	1	确定
VBCancel	2	取消
VBAbout	3	终止
VBRetry	4	重试
VBIgnre	5	忽略
VBYes	6	是
VBNo	7	否

例如：Rv = msgbox（"您的名字是李明？"，vbYesNo，"信息录入系统："）执行此语句将弹出提示对话框，如果选择"是"返回值为 6，选择"否"返回值为 7，如图 5-3 所示。

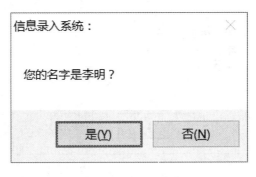

图 5-3　对话框界面

5.5.1.3 顺序结构实例

本程序实现学生信息录入，并提示录入信息加以确认。程序代码如下：

```
Sub Inxx()
    Dim cl $, msg1 $, msg2 $, msg3 $, msg4 $, I $, xx as As Variant
    msg1 = "请输入学生姓名;年龄;体重："
    I = InputBox(msg1, "信息输入：", "张三;21;70.3")
    xx = Split(I, ";")          '信息分解为数组
    cl = Chr(13) + Chr(10)          '回车 + 换行
    msg2 = "学生姓名："& xx(0)
    msg3 = "年龄："& xx(1)
    msg4 = "体重："& xx(2)
    msg1 = msg2 + cl + msg3 + cl + msg4
    MsgBox msg1, vbYesNo, "信息录入："
End Sub
```

在 VBA 中使用 vbCr 常量代表回车，vbLf 常量代表换行，vbCrLf 常量代表回车 + 换行。

程序执行后显示如图5-4所示。

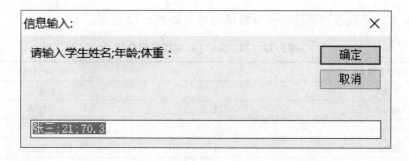

图5-4　程序执行界面

按确定后显示信息提示框如图5-5所示，按"是"按钮程序结束。

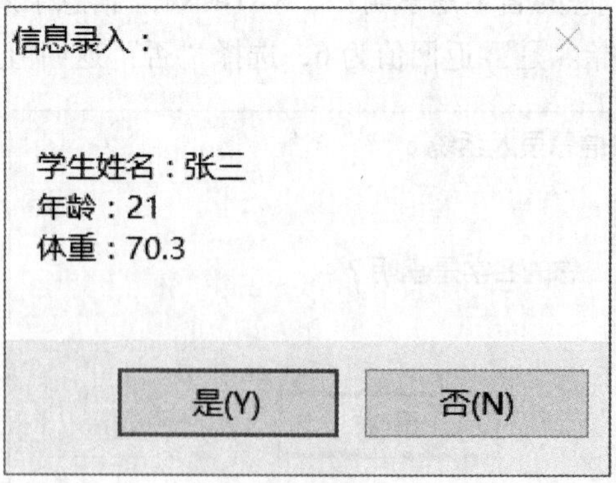

图5-5　信息提示框

5.5.2　选择结构

在 VBA 程序中的选择结构是通过选择语句来实现的，其特点是：能够根据条件表达式的值，来选择执行某一特定程序段。

VBA 选择语句包括：If 语句和 Select_Case 语句等。

5.5.2.1　If 语句

（1）条件式。条件式必然代表一个值，是真（True）或者是假（False）计算机可以检测出这个值以做出相应的行动。下面就是判断的例子，其中加下划线的部分就是指条件式。

If Love = True Then…

与之相同的简略的形式是：

If Love Then…

而 If Love = False Then…与 If Not Love Then…的意义是相同的。

条件式中可加入逻辑运算符，如：

If x < 20 And x > 15 Then　　　　表示当 15 < x < 20 程序将做什么。

If x < 15 Or x > 20 Then　　　　表示当 x < 15 或 x > 20 时程序将做什么。

（2）If-Then 语句。语法如下所示：

If Condition Then Instruction

例如：If n > 25 Then txtABC. Text = " ABC "

（3）If-Then-End If 语句。语法如下所示：

If Condition Then
  Instruction 1
  Instruction 2
End If

这种结构可指示计算机执行一串语句。

（4）If-Then-Else 语句。语法如下所示：

If Condition Then
  Instructions1
Else
  Instructions2
End If

这种结构指示计算机在条件不成立时应该做的事，这样保证了计算机至少执行一些语句。

（5）If-Then-Else If 语句。语法如下所示：

If Condition 1 Then
  Instructions 1
Else If Condition 2 Then
  Instructions 2
Else If Condition 3 Then
  Instructions 3
Else

```
        Instructions 4
    End If
```

类似这样的完整语句可做出多次判断，又保证计算机至少执行一些代码。

5.5.2.2　Select_Case 语句

Select Case-case…case…end select 语句。当选择多个定值时，该语句较适用。

```
Select Case VariableName/object
    Case Value 1        '可以是变量值或对象名
        Instructions 1
Case Value 2
        Instructions 2
Case else        '除上述情况外的其他情况
        Instructions 3
End Select
```

5.5.2.3　选择结构的嵌套

我们可以把许多各式各样的条件语句嵌套在一起，而且这种嵌套在理论上没有限制。但事实上嵌套使用得越少，代码就越容易被理解。在嵌套时最好使用便于观察的缩排的格式。如：

```
Select Case Grade
    Case "95 "
            If Class = "31 " Then
                Dorm = "1106 – 1108 "
            ElseIf Class = "33 " Then
                Dorm = "1104 – 1105 "
            End If
End Select
```

if 语句自嵌套形式：

```
If ＜表达式 1 ＞ Then
    Instructions 1
    If ＜表达式 2 ＞ Then
    Instructions 2
        …
End If
Instructions 3
    …
End If
```

5.5.2.4　选择结构实例

下面的代码是根据输入函数 InputBox（）的返回值，按成绩分出优、良、中、及格、不及格五种类型，并以输出函数 MsgBox（）弹出对话框加以提示。

```
Sub lz( )
    Dim Sc As Integer
```

```
        Sc = Val(InputBox("考试分数 = "))
        If Sc > = 90 Then
              MsgBox "成绩:优"
        Else If Sc > = 80 Then
              MsgBox "成绩:良"
        Else If Sc > = 70 Then
              MsgBox "成绩:中"
        Else If Sc > = 60 Then
              MsgBox "成绩:及格"
        Else
              MsgBox "成绩:不及格"
        End If
End Sub
```

5.5.3 循环结构

在程序设计中,经常需要进行一些重复操作,这就需要用到循环结构。VBA 程序中的循环结构是通过循环语句来实现的,其特点是:能够根据条件表达式的值,或指定循环次数,来循环执行某一特定程序段。

5.5.3.1 VBA 循环语句

VBA 循环语句内容包括:Do…Loop 语句、For…Next 语句和 While…Wend 语句。

(1) Do…Loop 语句。Do-Loop 循环基本上是一个死循环,所以需要在循环时判断一些条件。

1) Do While 循环(当 Condition 条件为真时执行循环)。语法如下所示:

```
Do While Condition
    Instructions
Loop
```

While 也可以放在 Loop 语句上。

2) Do-Loop While 循环(先执行一次程序体,再判断条件为真则继续执行循环)。语法如下所示:

```
Do
    Instructions
Loop While Condition
```

这两种循环的不同之处是:Do While 循环先判断条件,所以,Do While 循环可能一次都不执行。Do Loop While 循环先执行指令,再判断循环条件。所以 Do Loop While 循环至少执行一次指令。但它们都是当一定条件为真时的循环。

3) Do Until 循环(条件为真即"退出"循环)。语法如下所示:

```
Do Until Condition
    Instructions
Loop
```

Do Until 先判断条件,所以循环可能一次都不执行,它是当一定条件为假时的循环。

Do Until 等同于：

```
Do While Not Condition
    Instructions
Loop
```

4）Do-Loop Until 循环（执行程序体，直到条件为真时退出）。语法如下所示：

```
Do
    Instructions
Loop Until Condition
```

Do Loop Until 先执行指令再判断循环条件，所以指令至少被执行一次。Do Loop Until 是当一定条件为假时的循环。

（2）For…Next 语句。For-Next 循环是按计数来执行的。

1）For-Next 循环必须有一个控制变量，这个控制变量一般为整型。语法如下所示：

```
For Counter = Start To End
    Instructions
Next Counter
```

这里的 Counter 就是控制变量。如果想运行 5 次，可用下面的循环：

```
For i = 1 To 5
    Instructions
Next i
```

这时，每循环一次，i 的值就加 1。

2）向前向后计数。

```
For Counter = Start To End Step Increment
    Instructions
Next Counter
```

Increment 表明每次循环控制变量所加的值。如下面代码也可循环 5 次：

```
For i = 5 To 1 Step  – 1
    Instructions
Next i
```

只有当 Counter < = End 时循环才执行，当 Counter > End 的时候循环就不执行了。所以

```
For i = 1 To 10 Step 7
    Instructions
Next i
```

循环将执行两次，一次是当 i = 1 时，一次是当 i = 8 时。

最好不要在循环内改变控制变量的值，这样往往会导致逻辑上的错误。

3）对象的计次循环。针对一个数组或集合中的每个元素，重复执行一组语句。语法如下所示：

```
For each element in group
Instructions
next
```

（3）While…Wend 语句。当条件表达式 Condition 为真时，执行语句块 Instructions，

否则退出循环。需要注意的是：在语句块 Instructions 中，一定要包含能够改变表达式 Condition 的语句，否则将进入死循环。语法如下所示：

```
While Condition
    Instructions
Wend
```

例如，下面的代码是在循环体内不断产生随机数 a，如果表达式 $a < 0.8$ 为真，则打印 a 值，否则退出循环。

```
Sub lz1 ( )
    Dim a As Double
    While a < 0.8
        Debug. Print a
        a = Rnd
    Wend
End Sub
```

5.5.3.2 循环结构的嵌套

（1）与条件语句一样，循环语句也可以嵌套。如：

```
Do While Condition
    For i = 1 To 5
        Instructions
    Next i
Loop
```

循环总是先从内部开始的。比较：

```
For i = 1 To 4              For i = 1 To 4
    For j = 1 To 5              For j = 1 To 5
    Next j                      Next i
Next i                     Next j
是允许的                  这种 For-Next 的缠绕是不允许的
```

（2）从循环中快速退出。通过使用命令 Exit Do 和 Exit For，我们可以在循环未结束前跳出循环。但我们应该保证所需的动作完成后再跳出来，否则也许会遇到新的错误。而且不要试图用 Goto 语句从循环外跳入循环。

5.5.3.3 循环结构实例

下面的代码可以检测出 3 至 20 之间的质数。其中使用了循环的嵌套及条件语句，并且当发现 i 不是质数时立即用 Exit For 转向对下一个数的检测。

```
Sub find_zs ( )
    Dim i As Integer, j As Integer, x Boolean
    For i = 3 To 20
        x = False
        For j = 2 To i - 1
            If ( i Mod j ) = 0 Then Exit For
            If j = i - 1 Then x = True
        Next j
```

```
        If x Then debug. Print i
    Next i
End Sub
```

5.6　数组及其应用

数组有点类似于数学上"集合"的概念，其作用就是存放一批性质相同的数据（称之为数组元素）。数组是一组相同类型变量的有序集合，通过下标与数组名相结合可以实现对具体元素的访问。通过数组的定义可以对大规模数据进行操作和使用。

5.6.1　理解数组

单个变量只能存放单个数据，而数组可以存放一组相关的数据。像变量一样，数组有名称，存放在数组中的数值通过一个索引来访问。

数组就是同类数据的有序集合。数组中的每个数据称为数组元素。

数组中的数组元素在内存中占用连续的存储空间，可以通过唯一的数组名和下标（即标识每个数组元素相对位置的索引）进行访问，所以数组通常又称为下标变量。

说明：

（1）数组名的命名规则与普通变量相同。

（2）数组元素的下标必须用括号括起来。不能把数组元素"x(2)"直接写成"x2"，因为前者是一个数组元素，而后者是一个简单变量。

（3）数组下标的最小值和最大值分别称为下界和上界。

（4）下标可以是常量、变量或表达式，但必须是整数。如果是小数，则系统自动取整。

在程序中的数组应当"先定义，后使用"。所谓定义数组，就是向系统申请相应的存储空间。而根据在定义时是否直接指定数组的大小，又可将数组分为静态数组和动态数组两大类。

5.6.2　静态数组

（1）静态数组的定义。

Dim 数组名（[下标下界　To　] 下标上界，[下标下界　To　] 下标上界，…）[As　类型名称]

Dim　AA (10, 10, 10)　As　String

数组默认下界为 0，在程序设计中，如果希望数组的默认下界为 1，可使用 Option Base 语句，即 Option Base 1。

（2）静态数组说明。

1）数组声明语句在定义数组时，不仅为数组分配了存储空间，而且还对数组元素进行了初始化。在 VBA 中，系统会自动将数值型数组元素初始化为 0，字符型数组元素初始化为空字符串。

2）在引用数组元素时，其下标的取值应在数组定义的范围之内。如果超过此范围，则系统提示错误信息："下标越界"。

3）如果不了解当前数组的上下界，可以使用 LBound 和 UBound 函数来得到。其语法格式为：

LBound（数组名［，维］）' 求下界

（3）点坐标数组定义。

1）二维点坐标定义：Dim　pt2d（1）　As　double

其中：下界 0 元素为 X 坐标；下界 1 元素为 Y 坐标。

2）三维点坐标定义：Dim　pt3d（2）　As　double

其中：下界 0，1 元素意义同上，下界 2 元素为 Z 坐标。

（4）折线顶点坐标数组定义。

1）多段线顶点坐标定义：Dim　Coordinates2d（2＊n－1）　As　double

其中：n 代表 n 个顶点，元素依次为：X1，Y1，X2，Y2，…

2）三维多段线顶点坐标定义：Dim　Coordinates3d（3＊n－1）　As　double

其中：n 代表 n 个顶点，元素依次为：X1，Y1，Z1，X2，Y2，Z2，…

5.6.3　动态数组

（1）动态数组的定义。在创建数组时，如果只声明数组的名称和类型，但不指定上下界，这样就声明了一个动态数组。

Dim 数组名（）As　数据类型

在定义了动态数组之后，就可以在程序中通过 ReDim 语句来重新定义数组的大小。其语法格式为：

ReDim［Preserve］数组名（［下标下界　To　］下标上界，［下标下界　To　］下标上界，…）［As　类型名称］

（2）动态数组说明。

1）ReDim 语句是一个可执行语句，只能放在过程中。

2）如果在 ReDim 语句中有 Preserve 选项，则 VB 将保留原数组中的数据。如果省略 Preserve 选项，则 VB 将重置数组元素的内容。

3）只能用 ReDim 语句修改动态数组的大小。如果用 ReDim 语句修改静态数组的大小，则是一种语法错误。

4）使用 ReDim 语句可以反复修改同一数组的大小。但使用 ReDim 语句会占用大量处理时间，影响运行效率。

5）在声明动态数组时并不需要指定其维数。动态数组的维数由第一次出现的 ReDim 语句指定，且不可修改。

在 VB 程序中，动态数组的使用十分方便、灵活，可以有效地利用存储空间。例如，在程序中，当需要短时间使用一个大数组时可以根据需要定义一个动态数组，然后，在使用完成后再释放该数组所占的存储空间。

使用 Erase 语句重新初始化固定大小的数组中的元素，以及释放动态数组存储空间。

声明数组变量如下：

Dim NumArray(10) As Integer　　　' Integer 数组

```
Dim StrVarArray(10) As String        '变长的 String 数组
Dim StrFixArray(10) As String * 10        '定长的 String 数组
Dim VarArray(10) As Variant        'Variant 数组
Dim DynamicArray() As Integer        '动态数组
ReDim DynamicArray(10)        '分配存储空间
Erase NumArray        '将每个元素设为 0
Erase StrVarArray        '将每个元素设为零长度字符串("")
Erase StrFixArray        '将每个元素设为 0
Erase VarArray        '将每个元素设为 Empty
Erase DynamicArray        '释放数组所用内存
```

5.6.4　数组应用

数组作为同类数据的有序集合，有如下特点：数组是一个有界的线性序列，大小被固定，随机访问速度非常快（超过集合）；数组可以存储基本类型，也可以存储引用类型；数组可以顺序存取或随机存取；数组逻辑上相邻的元素在物理存储上也相邻，数组存储空间受限。

（1）数组排序。选择法排序（假设对 n 个数按升序排列）：

1）从 n 个数中选出最小的数，与第 1 个数交换位置。

2）从除第 1 个数外的剩余 $n-1$ 个数中选出最小的数，与第 2 个数交换位置。

3）重复选择 $n-1$ 次后，最终得到递增序列。

随机生成 1~100 范围内 5 个整数，将 5 个整数存储在一维数组中，编写程序将 5 个数按由小到大顺序输出。数组下标下界以 1 开始。

```
Sub sz_px()
    Dim a(5) As Integer, b(5) As Integer, c As Integer
    For i = 1 To 5
        a(i) = Int((100 * Rnd) + 1)
        b(i) = a(i)
    Next i
    For i = 1 To 4
    For j = i + 1 To 5
        If a(i) > a(j) Then
            c = a(i)
            a(i) = a(j)
            a(j) = c
        End If
    Next j
    Next i
    For i = 1 To 5
        Debug. Print b(i), a(i)
    Next i
End Sub
```

在第 1 次内部循环中，找出最小值过程见表 5-13。

表 5-13　第 1 次内部循环找出最小值过程

循　环	A(1)	A(2)	A(3)	A(4)	A(5)
$i=1$ 循环前	75	40	57	38	65
$j=2$	40	75	57	38	65
$j=3$	40	75	57	38	65
$j=4$	38	75	57	40	65
$j=5$ 循环后	38	75	57	40	65

在第 2 次内部循环中，找出最小值过程见表 5-14。

表 5-14　第 2 次内部循环找出最小值过程

循　环	A(1)	A(2)	A(3)	A(4)	A(5)
$i=2$ 循环前	38	75	57	40	65
$j=3$	38	57	75	38	65
$j=4$	38	40	75	57	65
$j=5$ 循环后	38	40	75	57	65

在第 3 次内部循环中，找出最小值过程见表 5-15。

表 5-15　第 3 次内部循环找出最小值过程

循　环	A(1)	A(2)	A(3)	A(4)	A(5)
$i=3$ 循环前	38	40	75	57	65
$j=4$	38	40	57	75	65
$j=5$ 循环后	38	40	57	75	65

在第 4 次内部循环中，找出最小值过程见表 5-16。

表 5-16　第 4 次内部循环找出最小值过程

循　环	A(1)	A(2)	A(3)	A(4)	A(5)
$i=4$ 循环前	38	40	75	57	65
$j=5$ 循环后	38	40	57	65	75

数组排序程序外循环中，数组的数据变化过程见表 5-17。

表 5-17　排序外循环中数组的数据变化过程

循　环	A(1)	A(2)	A(3)	A(4)	A(5)
原始数据	75	40	57	38	65
$i=1$ 循环后	38	75	57	40	65
$i=2$ 循环后	38	40	75	57	65
$i=3$ 循环后	38	40	57	75	65
$i=4$ 循环后	38	40	57	65	75

（2）数组合并。已知两个数组 a（5）、b（5），生成数组 c（10），该数组是由数组 b

（5）追加到数组 a（5）之后而形成。数组下标下界以 1 开始。

```
Sub sz_hb( )
    Dim a(5) As Integer, b(5) As Integer, c(10) As Integer
    For i = 1 To 5
        a(i) = Int((100 * Rnd) +1)
        b(i) = Int((100 * Rnd) +1)
        Debug. Print a(i), b(i)
    Next i
    For i = 1 To 5
        c(i) = a(i)
        c(i +5) = b(i)
    Next i
    Debug. Print "---------------"
    For i = 1 To 10
        Debug. Print c(i)
    Next i
End Sub
```

（3）由数组描述三维线拐点坐标点。假设一条三维线由 10 个拐点组成，下面介绍由数组描述各个拐点坐标的几种方式。数组下标下界以 0 开始。

1）二维数组描述。坐标由数组 A(9,2) 表示，第一维 9 代表 10 个坐标点，第二维 2 表示点坐标的 xyz。如第六点的 X 坐标由 A(5,0) 表示，Y 坐标由 A(5,1) 表示，Z 坐标由 A(5,2) 表示。例子是随机产生 10 个点坐标并显示。

```
Sub sz_zb1( )
    Dim a(9, 2) As Integer
    Debug. Print "编号 X Y Z"
    For i = 0To 9
        a(i, 0) = Int((100 * Rnd) +1)
        a(i, 1) = Int((100 * Rnd) +1)
        a(i, 2) = Int((100 * Rnd) +1)
        Debug. Print i +1, a(i, 0), a(i, 1), a(i, 2)
    Next i
End Sub
```

2）一维数组顺序描述。坐标由数组 A(3 * 10 −1) 表示，A(0)，A(1)，A(2) 代表第 1 坐标点的 xyz，A(3)，A(4)，A(5) 代表第 2 坐标点的 xyz，依此类推。例子是随机产生 10 个点坐标并显示。

```
Sub sz_zb2( )
    Dim a(29) As Integer, k As Integer
    Debug. Print "编号 X Y Z"
    For i = 0 To 9
        a(k) = Int((100 * Rnd) +1)
        a(k +1) = Int((100 * Rnd) +1)
        a(k +2) = Int((100 * Rnd) +1)
```

```
        Debug. Print i + 1, a(k), a(k + 1), a(k + 2)
        k = k + 3
    Next i
End Sub
```

3）一维数组含点数组描述。坐标由数组 A(9) 表示，其中 A(i) 元素定义为变体形，并保存 pt(2) 点坐标数组。例子是随机产生 10 个点坐标并显示。

```
Sub sz_zb3( )
    Dim a(9) As Variant, pt(2) As Integer
    Debug. Print "编号 X Y Z"
    For i = 0 To 9
        pt(0) = Int((100 * Rnd) + 1)
        pt(1) = Int((100 * Rnd) + 1)
        pt(2) = Int((100 * Rnd) + 1)
        a(i) = pt
        Debug. Print i + 1, a(i)(0), a(i)(1), a(i)(2)
    Next i
End Sub
```

4）一维数组含点结构描述。坐标由数组 A(9) 表示，其中 A(i) 元素定义为自定义结构点坐标形式。

自定义点坐标。

```
Type pt
    x As Integer
    y As Integer
    z As Integer
End Type
```

例子是随机产生 10 个点坐标并显示。

```
Sub sz_zb4( )
    Dim a(9) As pt
    Debug. Print "编号 X Y Z"
    For i = 0 To 9
        a(i). x = Int((100 * Rnd) + 1)
        a(i). y = Int((100 * Rnd) + 1)
        a(i). z = Int((100 * Rnd) + 1)
        Debug. Print i + 1, a(i). x, a(i). y, a(i). z
    Next i
End Sub
```

5.7 过　　程

过程通常划分为事件过程和用户自定义过程。事件过程，是当发生某个事件（如 Click、Load Chang 等）时，对该事件作出响应的程序段。自定义的过程也叫"通用过程"（general procedure），它供事件过程或其他通用过程调用。在实际应用中，VBA 中的过程一般分为子过程和函数过程两大类，前者叫 Sub 过程，后者叫 Function 过程。

从程序结构上看，过程一般都不是一个完整、绝对独立的程序，而是用来完成一个特定任务的一段程序代码。VBA 中的应用程序（又称工程或项目）由若干个过程和函数组成，这些过程和函数保存在文件中并由相应的命令或事件去调用。

过程有什么好处呢？在程序设计中，将一些常用的、相对独立的功能编写成过程，可把一个大的问题的求解代码分割成一个个的小模块。这些过程可被多次调用，如像工业中的标准配件一样，这样可实现现代代码重用，减少重复编写代码的工作量，降低程序冗余度，从而使程序变得简练、便于调试和维护。

5.7.1　子过程

（1）定义。定义子过程的一般形式如下：

［Static］［Public|Private］Sub 子过程名（［（参数列表）］）

［局部变量或常数定义］

　　　　［语句序列］

　　　［Exit Sub］　通常被放置在判断语句内

　　　［语句序列］

End Sub

（2）说明。

1）Static 意为"静态"，说明变量生命周期；"Public"表示"公有的"，"Private"，表示"私有的"，说明过程作用域。

2）Exit Sub 的作用把程序控制转向到主调用程序的子过程调用处。

3）当有多个参数时，用","隔开多个参数。

4）End Sub 返回到主调过程的调用处。

（3）调用。过程建立如图 5-6 所示，过程调用如图 5-7 所示。

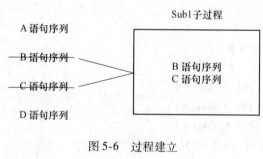

图 5-6　过程建立

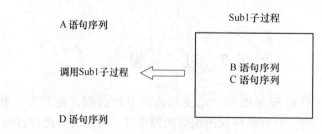

图 5-7　过程调用

格式：Call　过程名［（参数列表）］

格式：过程名　　［参数列表］

（4）子过程的定义和调用时注意事项。

1）子过程定义时的参数叫"形参"，也叫"哑元"；子过程调用时的参数叫"实参"，也叫"实元"。

2）一般情况下，形参和实参的参数个数要求相等，而且他们的类型和顺序位置都要一一对应。

3）在调用子过程时的参数传递是指把实参（可以是常量、变量、表达式、数组等）传递给形参，分为值传递和地址传递两种方式。

4）过程不能嵌套定义。

5）过程调用时，不能使用 Go To 语句随便进入子过程的内部的某条语句，也不能使用 Return 语句随便退出一个过程。

5.7.2　函数过程

函数过程定义与子过程定义相同。

（1）定义。定义形式如下：

［Static］［Public｜Private］Function　函数过程名（［参数列表］）［As 类型］

　　　　　　［局部变量或常数定义］

　　　　　　［语句序列］

　　　　　　［Exit Function］

　　　　　　［语句序列］

函数名＝计算结果'返回结果

　　　End Function

（2）说明。

1）这里的函数过程名、参数列表的含义和规定同子过程。

2）因为函数要返回结果，一般要用"［As 类型］"指定函数的结果值的类型；如果特意不指定，则函数将返回一个变体类型值。

3）Exit Function 的作用和使用方法同子过程中的 Exit Sub。

4）在调用函数时，若没有参数传递，也不能省略函数名后面的括号。

（3）调用。通常函数过程名返回的是一个值，函数过程一般作为表达式的一部分来使用，再与其他的语法成分一起配合使用来构成一个完整的语句。

函数过程调用形式为：函数过程名（［参数列表］）。

最简单的调用形式就是把函数作为一个量赋值给一个变量，如：变量名＝函数过程名（［参数列表］）。

（4）使用这两种过程的注意事项。

1）当面临一个问题时，如何决定究竟使用子过程还是函数过程呢？

当求解问题的最终结果只有一个值需要返回时，建议使用函数；当有多个值需要返回、无值返回或仅在过程中实现一些简单的输出操作时，建议使用子过程。

2）子过程名没有类型，不能返回值，内部也不能对过程名赋值；函数过程有类型，能返回值，内部至少有一个语句对函数名赋值。

5.7.3　参数传递

（1）参数类型。从有无参数传递上看，过程调用时分为有参传递和无参传递。有参传递又分为值传递（变量说明为 ByVal-passed by value）和地址传送（变量说明为 ByRef-passed by reference），它们常被简称为传值和传址。如果需要靠形参返回值，一般使用传址，这也是 VBA 中的默认传递方式；如果不需要形参返回值或担心形参会破坏主调过程的实参变量，则一般使用传值。

举例说明：子过程 sub1 中包含 2 个形参，一个传值 a，一个传址 b。在子过程 Msub 中调用 sub1，2 个实参在 sub1 中数值发生改变，返回 Msub 后观察实参的变化。

子过程 sub1 定义中形参 a 为传值，形参 b 为传址，过程中都做加 1 运算。

```
Sub sub1(ByVal a As Integer, ByRef b As Integer)
    a = a + 1
    b = b + 1
End Sub
```

子过程 Msub 定义为无形参，在过程中含 x，y 两个实参变量供子过程 sub1 调用，最后显示两个变量值。

```
Sub Msub()
    Dim x As Integer, y As Integer
    x = 2
    y = 2
    sub1 x, y
    Debug. Print x, y
End Sub
```

运算结果：x = 2，y = 3

（2）可选参数。在前面的例子中，形参和实参的个数都是固定的，如一个子过程中的形参指定了两个参数，则调用过程时必须提供两个实参，这在某些场合就限制了子过程的通用性，不大方便。VBA 提供了可选参数的使用，它允许在一个过程的形参列表中指定一个或多个参数作为可选参数，调用过程时，可根据实际情况决定是否使用可选参数。

```
Private Function add1(x As Integer, y As Integer, Optional z) As Integer
    add1 = x + y
    If Not IsMissing(z) Then
        add1 = add1 + z
    End If
End Function
```

可选参数的前面必须加上关键字 Optional，并且可选参数必须为变体型（或定义时不指定类型）。在过程体内使用内部函数 IsMissing（）来判断实参是否传递过来可选参数。如果没传，则其值为 True，否则为 False。可选参数可以有多个，但都必须放在参数列表中的后面。

（3）可变参数。可变参数的功能就更强大和灵活了，它在某些时候可让过程接收任意多个参数，但这些参数往往进行的是同一类操作。

```
Private Function add2(a As Integer, ParamArray x( )) As Integer
        add2 = a
        For Each i In x
                add2 = add2 + i
        Next
End Function
```

由于不知道究竟传递多少个参数，只有使用一个变体类型的数组，它能自动根据实参的参数个数来建立一个数组，在过程内部使用数组专用方法 For Each i In x 来引用每一个数组分量。如果把这种用法推广，它可以接收任何类型的实参，用途将更加广泛。

5.7.4　过程与变量的作用域

一个 VB 应用程序由若干个过程组成，过程内、外又有若干个变量，它们所处的位置和定义的方式不同而具有不同的使用场合，这种变量和过程能被访问的范围就称为变量和过程的作用域。过程分类介绍见表 5-18。

表 5-18　过程分类介绍

作 业 范 围	模块级过程		全局级过程	
	窗体	标准模块	窗体	标准模块
定义方式	在过程名前加上 Private		过程名前加 Public 或缺省范围说明	
能否被本模块其他过程调用	能	能	能	能
能否被本应用程序的其他外部模块调用	不能	不能	能	能

5.7.4.1　过程作用域

过程的作用域分为窗体/模块级和全局级，它们在整个应用程序中的结构如图 5-8 所示。

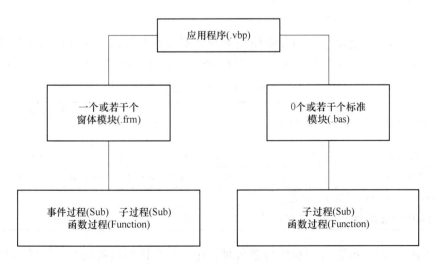

图 5-8　过程结构

（1）窗体/模块级过程。以 Private 关键字定义的过程就是窗体/模块级过程。它只能被自己或本窗体的其他过程调用。

（2）全局级过程。不加作用域说明或以 Public 关键字进行显示说明，这类过程就是全局级过程。全局级过程可被本应用程序中的所有窗体和所有标准模块中的过程调用，但要注意以下两点：

1）如果调用在窗体中定义全局级过程时，必须在过程名前面加上外部过程所在的窗体名。

2）在标准模块中定义的全局过程，外部过程均可调用，但如果在多个标准模块中的过程名字不唯一，则必须在过程名前加上标准模块名字。

5.7.4.2 变量作用域

按变量的作用域不同，可将变量划分为局部变量、窗体/模块级变量和全局变量。

（1）局部变量。局部变量是指那些在过程内部使用 Dim 语句申明或不加以声明就直接使用的变量。局部变量只能在本过程中使用，不能被其他过程访问。

（2）窗体/模块级变量。窗体/模块级变量是指那些在窗体或标准模块的"通用"声明段（如图 5-9 所示）中使用 Dim 或 Private 语句申明的变量。

图 5-9   窗体/模块级变量声明

（3）全局变量。全局变量是指那些在"通用"申明段使用 Public 语句声明的变量。这种全局变量能被整个应用程序的所有过程引用。

5.7.4.3 关于全局变量的说明

在一个窗体的"通用"申明段中使用 Public 定义的变量也应该被视为全局变量。这种变量在其他窗体的过程中引用时，在变量名前加上窗体名即可。具体见表 5-19。

表 5-19   变量介绍

作 用 范 围	局部变量	窗体/模块级变量	全局变量	
			窗体	标准模块
声明方式	Dim, Static	Dim, Private	Public	
声明位置	在过程内	窗体/模块的"通用"申明段	窗体/模块的"通用"申明段	
被本窗体/模块的其他过程引用？	不能	能	能	
被其他窗体/模块引用？	不能	不能	能（前加窗体名）	能

当不同级（作用域不同）的变量重名时，在一个具体的过程内部，系统默认会优先访问作用域较小的变量（优先级顺序为：局部变量 > 窗体/模块级变量 > 全局变量）。此

时作用域较大的同名变量会在此过程内部被"屏蔽"掉（注：屏蔽并不等于消除），暂时在本过程内不使用它。如果想访问作用域较大的变量，则必须要在变量名前加上其模块名或窗体名。

5.7.4.4 静态变量

静态变量是一种特殊的局部变量，它只能在一个过程内部定义和引用。在定义变量时，如果把 Dim 语句改为 Static 语句就可以把变量声明为静态变量。静态变量在本过程运行结束时可保留变量的值，也就是说，每次调用过程后，用 Static 说明的变量不会消失，它会保留本次运行后的结果，在下次调用本过程时，静态变量不再重新建立和初始化，可直接使用上次保留的结果。

静态变量定义形式如下：

Static　变量名[As 类型]

　　Static　Function　函数名([参数列表])[As 类型]

　　Static　Sub　过程名[(参数列表)]

如果在函数名、过程名前加 Static，并不表示这个函数或过程是静态的，而是表示该函数、过程内部的局部变量都是静态变量。

例如：使用静态变量实现记录一个事件被触发的次数。

```
Private Sub Command1_Click( )
        Static coun As Integer
        Dim n As Integer
        coun = coun + 1
        n = n + 1
        Print "静态变量值:" ; coun
        Print "自动变量值:" ; n
End Sub
```

连续点击命令按钮 Command1 三次，运行结果为：

静态变量值：1

自动变量值：1

静态变量值：2

自动变量值：1

静态变量值：3

自动变量值：1

5.7.5 过程的嵌套和递归调用

一个较复杂的应用程序中有众多的子过程和函数，它们之间的调用并不像我们前面所学的调用那样简单，往往存在多个过程相互调用。具体见图 5-10。

一个过程在内部调用自己时就是递归调用。$n! = n*(n-1)!$ 求解即是典型的递归调用。具体见图 5-11。

```
Private Function jc( n As Integer) As Long
    If n = 1 Then
        jc = 1        '递到最后时,1! = 1是已知的,结束递操作
    Else
```

$$jc = n * jc(n - 1)' \text{即 } n! = n * (n-1)$$

      End If
End Function

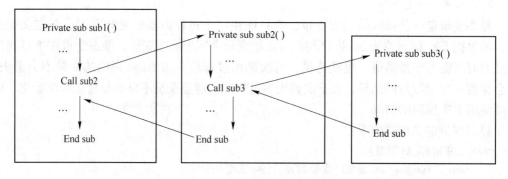

图 5-10   过程嵌套调用示意图

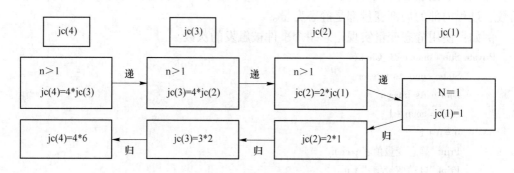

图 5-11   递归调用示意图

5.8   文   件

    所谓"文件"是记录在外部介质上的数据集合。通常存储在磁盘上，也称磁盘文件。在程序设计中，文件是十分有用而且是不可缺少的，不使用文件将很难解决所遇到的实际问题。

    大多数程序都是对数据的处理，原始数据往往以文件方式保存，程序需要读取想要的数据，经过数据计算处理后获得结果数据，程序同样将要结果数据以磁盘文件的方式保存。因此，文件读取和保存是非常重要的一项计算机编程应用。

5.8.1   文件概述

5.8.1.1   文件结构

（1）字符。字符是构成文件的基本单位。它可以是数字、字母、特殊字符。这里所说的字符一般为西文字符，一个西文字符用一个字节存放。如果是汉字用两个字节存放，一个汉字相当于两个西文字符。

（2）字段。字段由若干个字符组成，用来表示一项数据。如所选课程"程序设计"就是一个字段，由四个汉字组成。

（3）记录。记录由一组相关的字段组成。例如一个学生有学号、姓名、性别、专业、年级等信息。VB 中以单位为记录处理信息。

（4）文件。文件由记录构成。一个文件含有一个以上的记录。

5.8.1.2 文件分类

（1）按数据的性质，文件分为程序文件和数据文件，程序文件用来存放计算机可执行的程序，包括源文件和可执行文件；

（2）按数据的编码方式，文件可分为 ASCII 文件和二进制文件。

（3）按存取方式和结构，文件可分为顺序文件和随机文件；

（4）访问模式的不同，文件可分为顺序文件、随机文件、二进制文件。

5.8.2 顺序文件

结构比较简单，文件中的数据是按顺序组织的文本行，每行即为一个数据记录，每行长度可以变化，行之间以换行符作为分隔符。属于 ASCII 文件，即文本文件。

5.8.2.1 顺序文件的打开与关闭

（1）文件打开。对文件做任何 I/O 操作之前都必须先打开文件。Open 语句分配一个缓冲区给文件进行 I/O 之用，并决定缓冲区所使用的访问方式。

打开顺序文件语句如下：

1）Open " Filename " For Output As #FileNumber；

2）Open " Filename " For Input As #FileNumber；

3）Open " Filename " For Append As #FileNumber。

其中，Filename 为文件名（可以包含路径）；FileNumber 为文件号（1～511 之间）；Output 为对文件进行写操作；Input 为对文件进行读操作；Append 为对文件末尾追加记录，使原有内容不被擦除，新记录加在其后。

针对所打开的文件是否存在，将会产生不同的影响，具体说明如下：

1）使用 Output 方式打开一个不存在的文件时，程序将会创建一个新的顺序文件，并可将数据按顺序写入文件。使用 Output 方式打开一个存在的文件时，程序同样将会创建一个新的顺序文件，磁盘上原有的同名文件将会被覆盖，其中的数据将全部丢失。

2）使用 Input 方式打开一个不存在的文件时，程序将会指出你的错误。使用 Input 方式打开一个存在的文件时，程序将会打开该顺序文件，并可将数据按顺序读取。

3）使用 Append 方式打开一个不存在的文件时，程序将会创建一个新的顺序文件，并可将数据从文件头按顺序写入文件。使用 Append 方式打开一个存在的文件时，程序将会打开该顺序文件，并可将数据从文件尾按顺序写入文件。

（2）文件关闭。不论什么时候生成了顺序文件或打开了已有的顺序文件都要在程序终止前关闭它。否则，可能会出现一些问题，甚至会破坏文件内的数据。

关闭所有打开的文件，可使用语句：Close。

关闭特定的文件，可使用语句：Close #FileNumber［，#FileNumber］。

5.8.2.2　顺序文件的写入与读取

（1）顺序文件写入。顺序文件写入操作方式有如下两种。

1）Print #语句。格式如下所示：

Print #filenumber,［outputlist］

其中，outputlist 为表达式或是要打印的表达式列表。

通常用 Line Input #或 Input 读出 Print #在文件中写入的数据。如果省略参数 outputlist，而且在 filenumber 之后只含有一个列表分隔符，则将一空白行打印到文件中。

2）Write #语句。格式如下所示：

Write #filenumber,［outputlist］

其中，outputlist 为要写入文件的数值或字符串表达式，用一个或多个逗号将这些表达式分界。

通常用 Input #从文件读出 Write #写入的数据。如果省略 outputlist，并在 filenumber 之后加上一个逗号，则会将一个空白行打印到文件中。

当结束读写操作以后，必须要将文件关闭，否则会造成数据丢失。因为实际上 Print #或 Write #语句是将数据送到缓冲区，关闭文件时才将缓冲区中数据全部写入文件。

（2）顺序文件读取。顺序文件读取操作方式有如下三种。

1）Input #语句。格式如下所示：

Input#filenumber, varlist

其中，varlist 为用逗号分界的变量列表。

通常用 Write #将 Input #语句读出的数据写入文件。该语句只能用于以 Input 或 Binary 方式打开的文件。从已打开的顺序文件中依次读出数据，并分别赋给指定的用逗号分隔的变量列表中的变量。变量的类型与文件中的数据的类型要求对应一致。

2）Line Input #语句。格式如下所示：

Line Input #filenumber, varname

其中，varname 是有效的 Variant 或 String 变量名。

通常用 Print #将 Line Input #语句读出的数据从文件中写出来。从已打开的顺序文件中读出一行数据，并赋给字符串变量。

3）Input 函数。格式如下所示：

Input(number, #filenumber)

其中，number 是任何有效的数值表达式，指定要返回的字符个数。

调用该函数可以读取指定数目的字符，以字符串形式返回。Input 函数只用于以 Input 或 Binary 方式打开的文件。与 Input #语句不同，Input 函数返回它所读出的所有字符，包括逗号、回车符、空白列、换行符、引号和前导空格等。

5.8.2.3　顺序文件应用举例

（1）建立学生信息文件。学生信息包括：姓名、年龄、性别、数学成绩、语文成绩。程序自动建立 4 名同学的信息文件。

```
Sub Wsxfile( )
    Open "d:\ggg. txt " For Output As #1
        Write #1, "张强", 20, "男", 90, 70
```

```
        Write #1, "李光", 22, "男", 78, 90
        Write #1, "王莹", 21, "女", 88, 69
        Write #1, "赵倩", 19, "女", 89, 80
    Close #1
End Sub
```

在 D 盘根目录生成 ggg. txt 文件，文件内容如下：

"张强", 20, "男", 90, 70

"李光", 22, "男", 78, 90

"王莹", 21, "女", 88, 69

"赵倩", 19, "女", 89, 80

（2）读取学生信息文件。在学生信息文件中检索出年龄大于20、数学成绩大于80、语文成绩大于60的同学。

```
Sub Rsxfile( )
    Dim nm As String, nl As Integer, xb As String
    Dim sx As Double, yw As Double
    Open "d:\ggg. txt" For Input As #1
    Do While Not EOF(1)'检查文件尾。
        Input #1, nm, nl, xb, sx, yw
        If nl >20 And sx >80 And yw >60 Then
            Debug. Print nm, nl, xb, sx, yw
        End If
    Loop
    Close #1
End Sub
```

在立即窗口显示一条记录：

王莹　　　　　21　　　　　女　　　　　88　　　　　69

程序中出现了 EOF（filenumber）函数，此函数是判断是否已经到达为 Random 或顺序 Input 打开的文件的结尾。到达文件结尾 EOF（filenumber）值为 True，否则为 False。此函数在顺序文件读取操作中经常用到。

5.8.3　随机文件

文本文件就像盒式磁带机，因为如果想读取后面的数据，就得把前面的数据先放过去。随机存取文件就像 CD，因为可以立即跳至想听的那一首歌。随机存取文件是以结构（structure）来存取的，在文件里数据放在一个一个结构里，每个结构里的数据是一样的。

5.8.3.1　随机文件的打开与关闭

（1）文件打开。打开随机文件语句如下：

Open "Filename" For Random As #FileNumber[Len = 记录长度]

其中，Filename 为文件名（可以包含路径）；FileNumber 为文件号（1～511 之间）；Random 为对文件进行随机读写操作。

使用 Random 方式打开一个不存在的文件时，程序将会创建一个新的随机文件，并可将文件数据进行随机读写。使用 Random 方式打开一个存在的文件是，程序打开此文件进行随机读写。

（2）文件关闭。与顺序文件相同。

5.8.3.2 随机文件的写入与读取

（1）随机文件写入。

Put #语句。格式如下所示：

Put #filenumber，［recnumber］，varname

其中，recnumber 为记录号，指明在此处开始写入；varname 为写入磁盘的数据的变量名。

通常用 Get 将 Put 写入的文件数据读出来。文件中的第一个记录位于位置 1，第二个记录位于位置 2，依此类推。如果省略 recnumber，则将上一个 Get 或 Put 语句之后的（或上一个 Seek 函数指出的）下一个记录写入。

（2）随机文件读取。

Get #语句。格式如下所示：

Get #filenumber，［recnumber］，varname

其中，recnumber 为记录号，指明在此处开始读取；varname 为读取磁盘的数据的变量名。

通常用 Put 将 Get 读出的数据写入一个文件。文件中第一个记录位于位置 1，第二个记录位于位置 2，依此类推。若省略 recnumber，则会读出紧随上一个 Get 或 Put 语句之后的下一个记录（或读出最后一个 Seek 函数指出的记录）。

5.8.3.3 随机文件应用举例

（1）建立学生信息文件。学生信息包括：姓名、年龄、性别、数学成绩、语文成绩。程序自动建立 4 名同学的信息文件。

1）记录采用自定义结构数据类型。

```
Type student
    nm As String * 5
    nl As Integer
    xb As String * 1
    sx As Double
    yw As Double
End Type
Sub Wsjfile( )
    Dim stu As student, stus(4) As student
    stu. nm = " 张强 ":stu. nl = 20:stu. xb = " 男 "
    stu. sx = 90:stu. yw = 70:stus(1) = stu
    stu. nm = " 李光 ":stu. nl = 22:stu. xb = " 男 "
    stu. sx = 78:stu. yw = 90:stus(2) = stu
    stu. nm = " 王莹 ":stu. nl = 21:stu. xb = " 女 "
    stu. sx = 88:stu. yw = 69:stus(3) = stu
    stu. nm = " 赵倩 ":stu. nl = 19:stu. xb = " 女 "
    stu. sx = 89:stu. yw = 80:stus(4) = stu
```

```
    Open " d:\kkk. dat " For Random As #1 ' Len = Len( stu )
        For i = 1 To 4
            Put #1 , i , stus( i )
        Next i
    Close #1
End Sub
```

在 D 盘根目录生成 kkk. dat 随机文件，文件内容为二进制。

2）记录采用数组数据类型。

```
Sub Wsjfile1( )
    Dim stu( 5 ) As String, stus( 4 ) As Variant
    stu( 1 ) = " 张强 ":stu( 2 ) = 20:stu( 3 ) = " 男 "
    stu( 4 ) = 90:stu( 5 ) = 70:stus( 1 ) = stu
    stu( 1 ) = " 李光 ":stu( 2 ) = 22:stu( 3 ) = " 男 "
    stu( 4 ) = 78:stu( 5 ) = 90:stus( 2 ) = stu
    stu( 1 ) = " 王莹 ":stu( 2 ) = 21:stu( 3 ) = " 女 "
    stu( 4 ) = 88:stu( 5 ) = 69:stus( 3 ) = stu
    stu( 1 ) = " 赵倩 ":stu( 2 ) = 19:stu( 3 ) = " 女 "
    stu( 4 ) = 89:stu( 5 ) = 80:stus( 4 ) = stu
    Open " d:\kkk1. dat " For Random As #1 ' Len = Len( stu )
        For i = 1 To 4
            Put #1 , i , stus( i )
        Next i
    Close #1
End Sub
```

在 D 盘根目录生成 kkk1. dat 随机文件，文件内容为二进制。

（2）读取学生信息文件。在学生信息文件中直接检索出第三条记录（王莹同学）。

1）记录采用自定义结构数据类型。

```
Sub Rsjfile( )
    Dim stu As student
    Open " d:\kkk. dat " For Random As #1
            Get #1 , 3 , stu
    Close #1
    Debug. Print stu. nm, stu. nl, stu. xb, stu. sx, stu. yw
End Sub
```

在立即窗口显示一条记录：

王莹	21	女	88	69

2）记录采用数组数据类型。

```
Sub Rsjfile1( )
    Dim stu( 5 ) As String, stuv As Variant
    stuv = stu
    Open " d:\kkk. dat " For Random As #1
            Get #1 , 3 , stuv
```

```
    Close #1
    Debug. Print stuv(1), stuv(2), stuv(3), stuv(4), stuv(5)
End Sub
```

在立即窗口显示一条记录：

王莹	21	女	88	69

（3）seek #语句与 seek（）函数。

1）seek #语句。格式如下所示：

```
Seek #filenumber, recnumber
```

其中，recnumber 为记录号指明在此处开始读写。

说明：seek#语句作业是设置下一个读、写位置。

2）Seek（）函数。格式如下所示：

```
Seek(filenumber)
```

说明：函数返回一个长整型数，获取文件中指定当前的读、写位置。

本例子中，在获取第三条记录后，采用 seek 语句将文件当前读写位置设置在第一条记录，在文件读取循环中，则采用 seek（）函数不断获取文件当前的读、写位置。

```
Sub Rsjfile2()
    Dim stu(5) As String, stuv As Variant
    stuv = stu
    Open "d:\kkk. dat" For Random As #1
        Get #1, 3, stuv
        Debug. Print stuv(1), stuv(2), stuv(3), stuv(4), stuv(5)
        Seek #1, 1
        Do While Not EOF(1)' 检查文件尾。
            Get #1, Seek(1), stuv
            Debug. Print stuv(1), stuv(2), stuv(3), stuv(4), stuv(5)
        Loop
    Close #1
End Sub
```

在立即窗口显示 5 条记录：

王莹	21	女	88	69
张强	20	男	90	70
李光	22	男	78	90
王莹	21	女	88	69
赵倩	19	女	89	80

5.8.4　二进制文件

二进制文件并不是一种新的文件类型，而是操作任何种类文件的一种方法。二进制文件技术允许程序员修改文件中的任意字节。所以说，二进制文件技术是一种强有力的工具，但是强有力的工具往往必须小心使用。使用二进制文件可以操作许多文件类型，甚至直接读写图形文件等。

5.8.4.1　二进制文件的打开与关闭

（1）文件打开。打开二进制文件语句如下：

Open " Filename " For Binary As #FileNumber

其中，Filename 为文件名（可以包含路径）；FileNumber 为文件号（1～511 之间）；Binary 为对文件进行二进制读写操作。

使用 Binary 方式打开一个不存在的文件时，程序将会创建一个新的二进制文件，并可将文件数据进行二进制读写。使用 Binary 方式打开一个存在的文件是，程序打开此文件进行二进制读写。

（2）文件关闭。与顺序文件相同。

5.8.4.2　二进制文件的写入与读取

（1）二进制文件写入。

Put #语句。格式如下所示：

Put #filenumber，［recnumber］，varname

其中，recnumber 为字节数，指明在此处开始写入；varname 为写入磁盘的数据的变量名。

通常用 Get 将 Put 写入的文件数据读出来。文件中的第一个字节位于位置 1，第二个字节位于位置 2，依此类推。如果省略 recnumber，则将上一个 Get 或 Put 语句之后的（或上一个 Seek 函数指出的）下一个字节写入。

（2）随机文件读取。

Get #语句。格式如下所示：

Get #filenumber，［recnumber］，varname

其中，recnumber 为字节数，指明在此处开始读取；varname 为读取磁盘的数据的变量名。

通常用 Put 将 Get 读出的数据写入一个文件。文件中第一个字节位于位置 1，第二个字节位于位置 2，依此类推。若省略 recnumber，则会读出紧随上一个 Get 或 Put 语句之后的下一个字节（或读出最后一个 Seek 函数指出的字节）。

5.8.4.3　二进制文件应用举例

（1）建立二进制文件保存点坐标。程序随机生成 5 个点坐标，以二进制文件保存。

```
Sub Wejzfile( )
    Dim pts(5, 2) As Long
    For i = 1 To 5
        pts(i, 0) = Int((100 * Rnd) + 1)
        pts(i, 1) = Int((100 * Rnd) + 1)
        pts(i, 2) = Int((100 * Rnd) + 1)
        Debug. Print i, pts(i, 0), pts(i, 1), pts(i, 2)
    Next
Open " d:\kkk. xxx " For Binary As #1
        Put #1, 1, pts
    Close #1
End Sub
```

在立即窗口显示 5 个点坐标：

1	11	11	80
2	29	5	30
3	39	31	95
4	98	41	28
5	17	17	65

（2）读取二进制文件保存点坐标。程序打开二进制文件并读取 5 个点坐标。

```
Sub Rejzfile( )
    Dim pts(5, 2) As Long
    Open "d:\kkk. xxx " For Binary As #1
        Get #1, 1, pts
    Close #1
    For i = 1 To 5
        Debug. Print i, pts(i, 0), pts(i, 1), pts(i, 2)
    Next
End Sub
```

在立即窗口显示与建立时完全相同，说明读取成功。

（3）操作二进制文件。

```
Sub COPYejzfile( )
    Open "d:\Fe3pC. dwg" For Binary As #1
    Open "d:\Fe3pC1. dwg" For Binary As #2
    Dim i As Byte
    Do While Not EOF(1)
        Get #1, , i
        Put #2, , i
    Loop
    Close #1
    Close #2
End sub
Sub COPYejzfile1( )
    Dim b( ) As Byte
    Open "d:\Fe3pC. dwg" For Binary As #1
    ReDim b(LOF(1)) As Byte
    Get #1, , b
    Open "d:\Fe3pC1. dwg" For Binary As #2
    Put #2, , b
    Close
End Sub
```

程序相当于将二进制文件 Fe3pC. dwg 拷贝并另存为二进制文件 Fe3pC1. dwg。

5.8.5 读写文件

（1）打开文件语句。

Open pathname For modeAs ［#］filenumber ［Len = reclength］

其中 mode 有 Append、Binary、Input、Output 或 Random 方式。未指定方式，则以 Random 方式打开。如果 pathname 指定的文件不存在，那么，在用 Append、Binary、Output 或 Random 方式打开文件时，可以建立这一文件。一个有效的文件号，范围在 1 到 511 之间。使用 FreeFile 函数可得到下一个可用的文件号。

（2）读文件数据语句。

Line Input 或 Input #，（为文本方式）

Get（为二进制方式）。

（3）写文件数据语句。

Print #、Write（为文本方式）

Put（为二进制方式）。

（4）Close 关闭文件语句。

（5）二进制方式下移动文件读/写位置语句。

Seek ［#］filenumber, position

若在文件结尾之后进行 Seek 操作，则进行文件写入的操作会把文件扩大。如果试图对一个位置为负数或零的文件进行 Seek 操作，则会导致错误发生。

（6）LOF（文件号）取已打开的文件长度 FileLen（pathname）取未打开文件长度。

所有大于 2G 的文件必须分割读写，或使用 API CreateFile 和 ReadFile 以及 SetFilePointerEx 等来完成。

```
Sub OpenDialog_ys( )
MsgBox OpenDialog( "Select a File ", "D:/", "txt;mod ")
End Sub


Function OpenDialog( title As String, Folder As String, ext As String) As String
    Dim vl As Object
    Dim vlf As Object
    title = Chr(34) & title & Chr(34) & Chr(32)
    Folder = Chr(34) & Folder & Chr(34) & Chr(32)
    ext = Chr(34) & ext & Chr(34) & Chr(32)
On Error GoTo ERRORHANDLER
    If Left( thisdrawing. Application. Version, 2) = "15 " Then
        Set vl = thisdrawing. Application. GetInterfaceObject( "VL. Application. 1 ")
    ElseIf Left( thisdrawing. Application. Version, 2) = "16 " Then
        Set vl = thisdrawing. Application. GetInterfaceObject( "VL. Application. 16 ")
    ElseIf Left( thisdrawing. Application. Version, 2) = "17 " Then
        Set vl = thisdrawing. Application. GetInterfaceObject( "VL. Application. 16 ")
    End If


    Set vlf = vl. ActiveDocument. Functions


On Error GoTo 0
```

```
Dim sym As Object, ret As Object, lispStatement As String, retval

lispStatement = "( getfiled "& title & Folder & ext & "8 )"
Set sym = vlf. Item( "read"). funcall( lispStatement)
On Error Resume Next

retval = vlf. Item( "eval"). funcall( sym)

If Err Then
        OpenDialog = " "
Else
        OpenDialog = retval
End If

Exit Function
ERRORHANDLER：
        MsgBox Err. Description, "GetInterfaceObject Example "
End Function
```

5.9 窗   体

窗体（Form）也就是平时所说的窗口，它是 VBA 编程中最常见的对象，也是程序设计的基础。各种控件对象必须建立在窗体上，窗体成为其他控件的容器，一个窗体对应一个窗体模块。窗体设计即是把所需各种控件如何合理、美观、操作方便地摆布在窗体中，并在窗体模块中编写正确的代码，使窗体能够满足人机交互需要。

所谓控件的概念，如按钮、文本框等，在 Windows 程序中控件的身影无处不在，VBA 把这些控件模式化，并且每个控件都有若干属性用来控制控件的外观，工作方法，能够响应用户操作（执行事件过程）。

5.9.1 窗体容器

窗体本身也是对象，一般对象都会有属性、方法和事件。

5.9.1.1   窗体建立

在 VBA 中建立窗体有两种方法：

一种是在下拉菜单【插入】中执行【用户窗体】，则在工程中窗体列表下自动增加一个窗体，默认名字 UserFormX，X 是自动编排的窗体序号。具体见图 5-12。

另一种方法是在工程窗体内，右键鼠标弹出快捷菜单，选择【插入】中执行【用户窗体】，执行结果与前面一致。具体见图 5-13。

窗体一旦建立，即出现与窗体对应的属性窗口和代码窗口。属性窗口中包含了窗体所有属性，代码窗口中除了可以编写用户过程外，还包括了窗体自带的各种事件过程。

5.9.1.2   窗体常用属性

（1）Name：此属性是窗体的变量名，窗体调用等等操作都以它为准，可以在属性窗

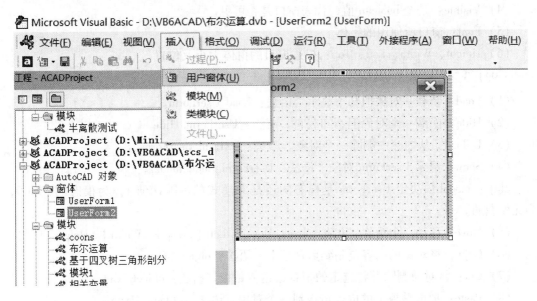

图 5-12 下拉菜单方式建立窗体

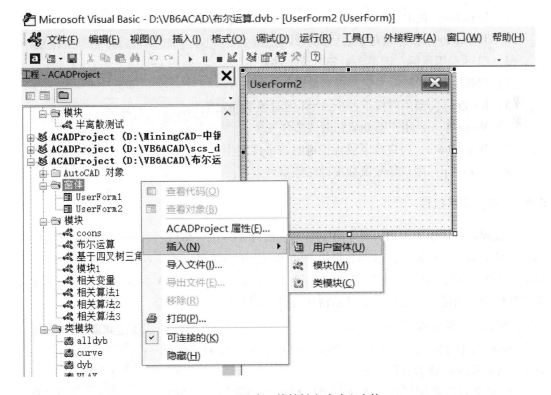

图 5-13 工程窗口快捷键方式建立窗体

口里修改，也可以在窗体列表中双击窗体名进行修改。

（2）Caption：窗体标题所显示的内容。

（3）Enabled：是个 boolean 值，代表窗口是否可用。

（4）Visible：是个 boolean 值，代表窗口是否可见。

（5）Font：窗口所使用的字体。

（6）Height、Width、Left、Top：描述窗口的窗体大小及位置。

5.9.1.3 窗体常用方法

（1）Load：装载一对象但却不显示。语法：Load UserForm。

（2）Hide：隐藏一个对象但不卸载它。语法：UserForm. Hide。

（3）Unload：从内存中删除一个对象。语法：UnLoad UserForm。

（4）Show：显示 UserForm 对象。语法：UserForm. Show modal。

其中：modal 值决定 UserForm 是模态的还是无模式的。默认值 1，为模态的，值 0，为无模态的。

（5）Move：移动一个对象。语法：object. Move（[Left [，Top [，Width [，Height]]]]）。

（6）Copy：将对象的内容复制到剪贴板上。语法：object. Copy。

（7）Cut：将对象删除并将选定的信息送达剪贴板。语法：object. Cut。

（8）Paste：把剪贴板上的内容传送到一个对象。语法：object. Paste。

5.9.1.4 窗体常用事件

（1）Initialize：在加载对象之后、显示这个对象之前该事件发生。

（2）Terminate：在卸载对象之后该事件发生。

（3）Click：用鼠标左键单击对象时该事件发生。

（4）DblClick：用鼠标左键双击对象时该事件发生。

（5）KeyPress：当用户按下一个 ANSI 键时该事件发生。

（6）MouseMove：用户移动鼠标时该事件发生。

（7）MouseDown：用户按下鼠标按键时该事件发生。

（8）MouseUp：用户释放鼠标按键时该事件发生。

5.9.2 窗体常用控件

可放置在窗体上的对象，其中有它自己的属性、方法、事件。可用控件来接收用户的输入、显示输出、触发事件过程。可用方法操作大部分控件。有一些控件为交互作用式的（响应用户动作），而有些则为静态的（仅能用代码访问）。VBA 内置了部分常用控件，很多控件往往由第三方提供。工具箱窗体具体见图 5-14。

5.9.2.1 框架控件 Frame

Frame 对象可以创建一个图形或控件的功能组。要为控件创建组，先画框架，接着在框架中画控件。

Frame 对象的常用属性、方法、事件都可参照窗体。它与窗体有些共性，都是能包含其他控件的容器。

5.9.2.2 标签控件 Label

Label 对象一般表示用户不改变的文本，例如图形下的标题文本。

图 5-14 工具箱窗体

　　Label 对象的常用属性参照窗体属性，Label 对象的方法很少，Move 移动方法参见窗体方法。Label 对象的事件也很少，常用事件为单击、双击事件，参见窗体事件。

5.9.2.3　文本框控件 TextBox　ab|

　　TextBox 对象一般表示用户可以输入或改变的文本。

　　TextBox 对象的常用属性与窗体属性相比，Caption 属性被 Text 和 Value 属性所代替，用于返回或设置文本框的文本。TextBox 对象的方法包括：Move、Copy、Cut、Paste 方法参见窗体方法。TextBox 对象具有 Change 事件，当 Value 属性改变时该事件。其他事件参见窗体事件。

5.9.2.4　命令按钮控件 CommandButton　□

　　CommandButton 对象一个可以让用户选择，以完成一个命令的按钮。

　　CommandButton 对象的常用属性参照窗体属性。CommandButton 对象的方法很少，Move 移动方法参见窗体方法。CommandButton 对象事件参见窗体事件。

5.9.2.5　图像控件 Image　▣

　　Image 对象用于在窗体中显示图片。

　　Image 对象的常用属性与窗体属性都包括 Picture 属性，用于指定显示在对象上的位图。语法：object. Picture = LoadPicture(pathname)。Image 对象的方法很少，Move 移动方法参见窗体方法。Image 对象事件参见窗体事件。

5.9.2.6　复选框控件 CheckBox　☑

　　CheckBox 对象让用户容易地选择以指示出某些事物是真或假，或是如果用户可以选择一次以上，则显示出多重选择。

　　CheckBox 对象的常用属性 Value，用于返回或设置复选框控件的选中状态。值为 -1，表示 True，表明此条目被选中；值为 0，表示 False，表明此条目被清除。CheckBox 对象的方法很少，Move 移动方法参见窗体方法。CheckBox 对象的单击事件改变 Value 属性值。其他事件参见窗体事件。

5.9.2.7　单选按钮控件 OptionButton　◉

　　OptionButton 对象可以显示出多重选择，用户只能选择一个。

　　OptionButton 对象的常用属性 Value，用于返回或设置单选按钮控件的选中状态。值为 -1，表示 True，表明此条目被选中；值为 0，表示 False，表明此条目被清除。OptionButton 对象的方法很少，Move 移动方法参见窗体方法。OptionButton 对象的单击事件改变 Value 属性值。其他事件参见窗体事件。

5.9.2.8　列表框控件 ListBox　▦ 与组合框控件 ComboBox　▦

　　ListBox 对象通过显示多个选项供用户选择，达到与用户对话的目的。如果有较多的选项而不能一次全部显示时，VBA 会自动加上滚动条。列表框的最主要的特点是用户只能从其中选择而不能直接修改选项内容。

　　ComboBox 对象是组合了文本框和列表框的特性而形成的一种控件。组合框在列表框中列出可供用户选择的选项，当用户选定某项后，该项内容自动装入文本框中。组合框有三种组合风格，即下拉式组合框、简单组合框和下拉式列表框，由其 Style 属性值决定，他们的 Style 属性值分别为 0，1，2。

当列表框中没有所需选项时，除了下拉式列表框（Style 属性为 2）之外都允许在文本框中输入内容，但输入的内容不能自动添加到列表框中，需要编写程序实现。

（1）列表框和组合框共有的重要属性。

1）List 属性。该属性是一个字符型数组，存放列表框或组合框的选项内容。数组的下标是从 0 开始的，即第一个项目的下标是 0。例如 ListBox1. List（0）的值是"生理学"，ListBox1. List（2）的值是"药理学"。List 属性可以在设计状态设置也可以在程序中设置或引用。

2）ListIndex 属性。该属性是整型，包含列表中所选行的索引，表示程序运行时被选定的选项的序号。ListIndex 的值介于 -1 和比列表中的总行数少 1 的值（即 ListCount ~ 1）之间。如果没有选任何选项则该属性值为 1。该属性只能在程序中设置或引用。例如，如果选定"中药学"，则该属性值为 3。

3）ListCount 属性。该属性值类型为整型，表示列表框或组合框中的列表框部分的行数。Long 型，ListCount 值 -1 表示最后一项的序号。ListCount 始终比 ListIndex 属性的最大值大 1，因为索引号从 0 开始，而项的计数从 1 开始。该属性只能在程序中设置或引用。

4）Sorted 属性。该属性值类型为逻辑型，决定在程序运行期间列表框或组合框的选项是否按字母顺序排列显示。如果 Sorted 值为 True 则项目按字母顺序排列显示，如果为 False，则选项按加入的先后顺序排列显示。该属性只能在程序中设置或引用。

5）Text 属性。该属型值类型为字符型，表示被选定的选项的文本内容。如上例中，"生理学"被选定，因此 ListBox1. Text 的值为"生理学"。Text 属性为默认属性，只能在程序中设置或引用。

（2）列表框特有的重要属性。

1）MultiSelect 属性。

0——None：默认值，禁止多项选择，表示在一个列表框中只能选择一项。

1——Simple：简单多项选择。鼠标单击或按空格键表示选定或取消选定一个选项。

2——Extended：扩展多现选择。按住 Ctrl 键，同时用鼠标单击或按空格键表示选定或取消选定一个选择项；按住 Shift 将同时单击鼠标，或者按住 Shift 键并且移动光标键，就可以从前一个选定的项扩展选择到当前选择项，即选定多个连续项。

2）Selected 属性。该属性是一个逻辑型数组，其元素对应列表框中相应的项，表示对应的项在程序运行期间是否被选中。例如，ListBox1. Selected（0）= True 表示第一项被选中，否则表示未被选中。该属性只能在程序中设置或引用。

（3）组合框特有的重要属性。Style 属性决定组合框的类型和行为，它的值为 0，1 或 2。

Style 属性值为 0 时，组合框为下拉式组合框，屏幕显示文本编辑框和一个下拉箭头按钮。执行时，文本编辑框可以接受用户键盘输入，也可以用鼠标单击下拉箭头按扭，打开列表框供用户选择，选择的内容显示在文本框中。

Style 属性值为 1 时，组合框为简单组合框，屏幕显示文本编辑框和列表框，列表框列出所有选项供用户选择。执行时，文本编辑框可以接受用户键盘输入，也可以显示用户选择的列表框中的选项的内容。

Style 属性值为 2 时，组合框为下拉式列表框，屏幕显示文本框和一个下拉箭头按钮。执行时，文本框不接受用户键盘输入，当用户用鼠标单击下拉箭头按钮，打开列表框供用户选择，选择的内容显示在文本框中。

（4）列表框和组合框特有方法。列表框和组合框中的选项可以简单地在设计状态通过 List 属性设置，也可以在程序中用 AddItem 方法来添加，用 RemoveItem 或 Clear 方法删除。

1）AddItem 方法。AddItem 方法把一个选项加入列表框或组合框。语法如下所示：

对象 . AddItem Item［, Index］

其中，对象为列表框或组合框；Item 为字符串表达式，即是要加入的选项；Index 为指定新添加的选项在列表框或组合框中的位置。

2）RemoveItem 方法。RemoveItem 方法把列表框或组合框中的某一项删除。语法如下所示：

对象 . RemoveItem Index

其中，对象为列表框或组合框；Index 为被删除项目在列表框或组合框中的位置，对于第一项，Index 为 0。

3）Clear 方法。Clear 方法可以清除列表框或组合框的所有内容。语法如下所示：

对象 . Clear

（5）事件。列表框能够响应 Click 和 DblClick 事件。所有类型的组合框都能响应 Click 事件，但是只有简单组合框（Style 属性为 1）才能接收 DblClick 事件。一般情况下不需要编写 Click 事件过程，因为通常是在用户按下命令按钮或发生 DblClick 事件时才需要读取 Text 属性。

5.9.3　窗体设计实例

利用前面介绍的常用控件，完成"巷道断面设计"的窗体设计，如图 5-15 所示。要求断面形状所对应的是组合框控件，内容包括半圆拱、圆弧拱和三心拱。断面拱高所对应的是组合框控件，内容包括 1/3、1/4 和 1/5。绘图比例所对应的是组合框控件，内容包括 30、40 和 50。图片采用图像控件，支护和水沟采用复选框控件，初始值为真，参数设定采用框架控件，其内部参数均采用标签控件与文本框控件一一对应，最后布置保存、绘图和退出三个命令按钮控件。要求组合框控件和复选框控件数据是窗体初始化时自动建立的。其他数据为设计时设置。窗体名称为 xddmsj。

另外，要求在标准模块中建立所有参数的全局变量，建立过程打开窗体，在保存按钮单击事件里，完成对上述变量的赋值，并将数据保存为顺序文件。在退出按钮单击事件里，完成窗体卸载。

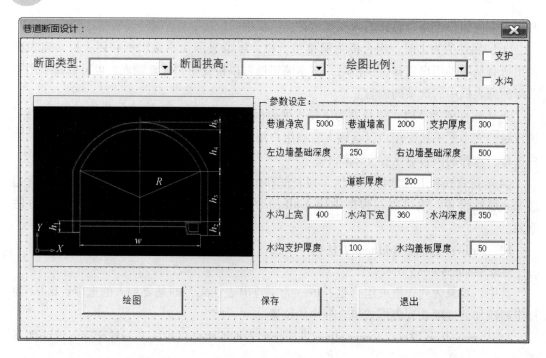

图 5-15　窗体设计实例

例子程序主要代码如下。

（1）标准模块中代码。

1）全局变量定义：

Public xdlx As Integer　'巷道类型　1 = 圆弧拱　2 = 半圆拱　3 = 三心拱　Public gglx As Integer　'1 = 1/3 2 = 1/4 3 = 1/5

Public htbl As Double　'绘图比例

Public zh As Boolean　'支护

Public sg As Boolean　'水沟

Public xd_cs（11）As Double '参数

2）打开窗体过程：

```
Sub xddm_lz( )
    xddmsj. Show 1
End Sub
```

（2）在窗体模块中代码。

1）窗体初始化事件：

```
Private Sub UserForm_Initialize( )
Image1. Visible = True
ComboBox2. Enabled = True
    ComboBox1. AddItem "圆弧拱"
    ComboBox1. AddItem "半圆拱"
    ComboBox1. AddItem "三心拱"
ComboBox1. ListIndex = 0
ComboBox1. Style = fmStyleDropDownList
```

```
        ComboBox2. AddItem "1/3"
        ComboBox2. AddItem "1/4"
        ComboBox2. AddItem "1/5"
ComboBox2. ListIndex = 0
ComboBox2. Style = fmStyleDropDownList

ComboBox3. AddItem "30"
        ComboBox3. AddItem "40"
        ComboBox3. AddItem "50"
ComboBox3. ListIndex = 0

CheckBox1. value = True
CheckBox2. value = True
End Sub
```

2）退出按钮单击事件：

```
Private Sub CommandButton3_Click()
Unload Me   '卸载窗体
End Sub
```

3）保存按钮单击事件：

```
Private Sub CommandButton1_Click()
'变量赋值
htbl = ComboBox3. value
zh = CheckBox1. value
sg = CheckBox2. value
xd_cs(1) = TextBox1. value:xd_cs(2) = TextBox2. value
xd_cs(3) = TextBox3. value:xd_cs(4) = TextBox4. value
xd_cs(5) = TextBox5. value:xd_cs(6) = TextBox6. value
xd_cs(7) = TextBox7. value:xd_cs(8) = TextBox8. value
xd_cs(9) = TextBox9. value:xd_cs(10) = TextBox10. value
xd_cs(11) = TextBox11. value
If zh = False Then
xd_cs(3) = 0
xd_cs(4) = 0
xd_cs(5) = 0
End If
'数据存盘
Open "d:\dmsj. txt" For Output As #1
        Write #1, xdlx,gglx, htbl,zh,sg
            For i = 1 to 10
Write #1, xd_cs(i),
            Next i
Write #1, xd_cs(11)
        Close #1
```

End Sub

顺序文件两行数据如下：

1,1,40,#TRUE#,#TRUE#

5000,2000,300,250,500,200,400,360,350,100,50

5.9.4　程序错误处理

（1）On Error 语句。

1）On Error GoTo line

2）On Error Resume Next

3）On Error GoTo 0

（2）On Error 语句示例。

本示例先使用 On Error GoTo 语句在一个过程中指定错误处理的代码所在。本示例中，试图删除一已经打开的文件从而生成的错误码为 55。这个错误将由示例中的错误处理程序码来处理，处理完之后，控制会回到发生错误的语句处。On Error GoTo 0 语句关闭错误陷阱。然后 On Error Resume Next 语句用来改变错误陷阱，以便发觉下一个语句产生的错误的范围。请注意示例中使用 Err.Clear 在错误处理完后，清除 Err 对象的属性。

```
Sub OnErrorStatementDemo( )
On Error GoTo ErrorHandler          '打开错误处理程序。
Open "TESTFILE" For Output As #1        '打开输出文件。
Kill "TESTFILE"      '试图删除已打开的文件。
On Error Goto 0      '关闭错误陷阱。
On Error Resume Next        '改变错误陷阱。
ObjectRef = GetObject( "MyWord.Basic" )        '试图启动不存在的对象检查可能发生的 Automation
错误。
If Err.Number = 440 Or Err.Number = 432 Then
            '告诉用户出了什么事。然后清除 Err 对象。
Msg = "There was an error attempting to open the Automation object! "
MsgBox Msg , , "Deferred Error Test"
  Err.Clear        '清除 Err 对象字段。
End If
Exit Sub       '退出程序,以避免进入错误处理程序。
ErrorHandler：       '错误处理程序。
    Select Case Err.Number       '检查错误代号。
        Case 55       '发生"文件已打开"的错误。
            Close #1       '关闭已打开的文件。
        Case Else
            '处理其他错误状态…
    End Select
    Resume       '将控制返回到产生错误的语句。
End Sub
```

———— **本 章 小 结** ————

　　本章主要介绍 VBA 数据类型、常量与变量、内部函数、数组、程序控制结构等基础
语言以及函数过程、文件、窗体等定义和使用。通过本章学习，读者应当掌握 VBA 基础
语言，通过程序语言解决一些简单问题。

习　题

5-1　编写一段程序，求某门课程的平均分。要求用 InputBox 函数输入学生的人数和每个人的分数，用
　　　MsgBox 语句输出平均分。

5-2　设计一个判断三角形是否为直角三角形的子程序，它带有三个整型参数 a、b 和 c 分别表示三角形
　　　的三条边。

5-3　编写一个子程序，在 Excel 当前工作表的 F5 到 J28 填入 1 到 5 之间的随机整数。

5-4　编写一个子程序，求 Range("A2：A20")区域中数据的平均值，填入 Cells(2,3)中。要求四舍五
　　　入，保留小数点后两位。

5-5　什么是活动单元格区域，它是否与单元格选取范围相同?

5-6　简单描述并编程实现下列过程：在打开一个主文件"main. doc"的同时，相关的其他三个文件自动打
　　　开 "test. doc". "answer. doc" 及 "chart. doc"。

5-7　在工作簿打开时，首先显示封面窗体 UserForml，然后建立一个工具栏命名为"竞赛评分"，在工具
　　　栏上添加一个命令按钮"汇总"，为按钮指定 17 号图符，并指定要执行的过程为"hz"。请写出完
　　　整的子程序。

5-8　编写一个子程序，将当前 word 文档选中的文本所有单词 "ABC" 替换为 "VBA"。

6 AutoCAD 对象模型的创建和编辑

前面一章所讲到的窗体及控件都是对象，VBA 针对此类对象编程也是非常重要的内容。AutoCAD 平台下 VBA 将整个 AutoCAD 应用程序视为对象，AutoCAD 应用程序对象有自己的属性、方法和事件。同时该对象中包含了若干对象集合和对象，对象又根据是否可见分为图形对象和非图形对象。所有对象又都有自己的属性、方法和事件。

AutoCAD 对象模型是按树状结构组成，AutoCAD 应用程序为根对象，其他对象都可以由此寻得，正确理解 AutoCAD 对象模型是 AutoCAD 二次开发的基础。

通过本章的学习，应掌握以下内容：

（1）了解面向对象编程；

（2）理解 AutoCAD 对象模型。

6.1   什么是面向对象编程

6.1.1   程序设计语言的发展

（1）面向机器的语言。通常是针对某一种类型的计算机和其他设备而专门编写的由二进制代码所组成的机器程序语言，所以这类程序一般可以充分发挥硬件的潜力，然而与人类的自然语言相差较大，所以面向机器的程序的可读性很差，成为软件发展的障碍。因此，一种新的面向过程的程序设计方法被提出来了。

（2）面向过程的语言。用计算机能够理解的逻辑来描述需要解决的问题和解决问题的具体方法、步骤。面向过程的程序设计的核心是数据结构和算法，其中数据结构用来量化描述需要解决的问题，算法则研究如何用更快捷、高效的方法来组织解决问题的具体过程。面向过程的程序设计语言主要有 BASIC、FORTRAN、PASCAL、C 等。

（3）面向对象的语言。面向对象的语言相对于以前的程序设计语言，代表了一种全新的思维模式。它的一条基本原则是计算机程序是由单个能够起到子程序作用的单元或对象组合而成。这种全新的思维模式能够方便、有效地实现以往方法所不能企及的软件扩展、软件管理和软件使用，使大型软件的高效率、高质量的开发，维护和升级成为可能，从而为软件开发技术拓展了一片新天地。面向对象的程序设计语言主要有 VB、VC 和 JAVA 等。

6.1.2   面向对象编程

面向对象是一种对现实世界理解和抽象的方法，是计算机编程技术发展到一定阶段后的产物。早期的计算机编程是基于面向过程的方法，例如实现算术运算 $1+1+2=4$，通过设计一个算法就可以解决问题。面对日趋复杂的应用系统，这种开发思路存在很多弱点，程序很难维护。

随着计算机技术的不断提高，计算机被用于解决越来越复杂的问题。一切事物皆对象，通过面向对象的方式，将现实世界的事物抽象成对象，现实世界中的关系抽象成类、继承，帮助人们实现对现实世界的抽象与数字建模。通过面向对象的方法，更利于用人理解的方式对复杂系统进行分析、设计与编程。同时，面向对象能有效提高编程的效率，通过封装技术，消息机制可以像搭积木的一样快速开发出一个全新的系统。

面向对象是一种程序开发的方法。对象指的是类的集合。它将对象作为程序的基本单元，将程序和数据封装其中，以提高软件的重用性、灵活性和扩展性。面向对象编程是指在程序设计中采用封装、继承、多态等设计方法。VB 并不是严格的面向对象开发语言。VBA 的编程在很大程度上是对它载体软件中对象的处理。

类与对象的关系：具有相同特性（数据元素）和行为（功能）的对象的抽象就是类。因此，对象的抽象是类，类的具体化就是对象，也可以说类的实例是对象，类实际上就是一种数据类型。

类具有属性，它是对象的状态的抽象，用数据结构来描述类的属性。

类具有操作，它是对象的行为的抽象，用操作名和实现该操作的方法来描述。

因此，对象具有属性、方法，和事件。

6.2 AutoCAD 对象模型

AutoCAD 中的对象模型见图 6-1。AutoCAD 中 VBA 已经涵盖了其所有对象。

6.2.1 Application 对象

Application 对象是 AutoCAD ActiveX Automation 对象模型的根对象。通过 Application 对象用户可以访问任何其他的对象或任何对象指定的特性或方法。

（1）Application 对象常用属性。

1）ActiveDocument。语法：object. ActiveDocument。返回 Document 对象，即 An ACAD drawing。

2）Caption。语法：object. Caption。返回 Application 标题名字，如 AutoCAD 2007。

3）Documents。语法：object. Documents。返回 Documents 对象集合，AutoCAD 是多文档。

4）FullName。语法：object. FullName。返回 Application 程序名字，如 C：\ Program Files（x86）\AutoCAD 2007\Acad. exe。

5）Path。语法：object. Path。返回 Application 程序路径，如 C：\Program Files（x86）\AutoCAD 2007。

6）Version。语法：object. Version。返回 Application 程序版本，如 17. 0s（LMS Tech）。

7）Visible。语法：object. Visible。设置或返回 Boolean 值，其值确定运行程序的可见性，值为 True 说明运行程序可见，False 则表示运行程序不可见。

（2）Application 对象常用方法。

1）Quit。语法：object. Quit。关闭图形文件，退出 AutoCAD 应用程序。

图 6-1   AutoCAD 对象模型关系图

2）LoadDVB。语法：object. LoadDVB Name。加载 VBA 应用程序文件。其中：Name 为应用程序文件名（可以包含路径）。

3）UnloadDVB。语法：object. UnloadDVB Name。卸载 VBA 应用程序文件。其中：Name 为应用程序文件名（可以包含路径）。

4）RunMacro。语法：object. RunMacro(MacroPath)。运行 VBA 宏命令。其中 Macro-Path 表示为［Filename. dvb. ］［ProjectName. ］［ModuleName. ］MacroName。

5）Update。语法：object. Update。更新 AutoCAD 应用程序。

6）ZoomAll。语法：object. ZoomAll。屏幕缩放，与 Zoom 命令中【全部(A)】相同。

7）ZoomExtents。语法：object. ZoomExtents。屏幕缩放，与 Zoom 命令中【范围(E)】相同。

8）ZoomWindow。语法：object. ZoomWindow LowerLeft，UpperRight。屏幕缩放，与 Zoom 命令中【窗口(W)】相同。

（3）Application 对象常用事件。

1）BeginCommand。语法：object. BeginCommand(CommandName)。启动一条命令时引发该事件。其中：CommandName 为命令名称。

2）EndCommand。语法：object. EndCommand(CommandName)。一条命令结束时引发该事件。其中：CommandName 为命令名称。

3）BeginOpen。语法：object. BeginOpen(Filename)。打开文件开始时引发该事件。其中：Filename 为文件名。

4）EndOpen。语法：object. EndOpen(Filename)。打开文件结束时引发该事件。其中：Filename 为文件名。

5）NewDrawing。语法：object. NewDrawing。新建图形文件时引发该事件。

6）BeginQuit。语法：object. BeginQuit(Cancel)。AutoCAD 应用程序退出时引发该事件。其中：Cancel 是 Boolean 值，True 表示中止退出；Flase 表示执行退出。

7）BeginSave。语法：object. BeginSave(Filename)。保存文件开始时引发该事件。其中：Filename 为文件名。

8）EndSave。语法：object. EndSave(Filename)。保存文件结束时引发该事件。其中：Filename 为文件名。

6.2.2　Document 对象

Document 对象（实际上就是 AutoCAD 图形）可以在 Documents 集合中找到，通过它，可以访问 AutoCAD 图形文档中所有对象。Thisdrawing 是当前激活的图形文档。

Document 对象内包括三种对象：一是数据库驻留实体，即可见图形对象，对象模型图中蓝色部分；二是数据库驻留对象，即不可见的非图形对象，对象模型图中绿色部分；二是数据库不驻留对象，对象模型图中黄色部分。

（1）Document 对象常用属性。

1）ActiveLayer。语法：object. ActiveLayer。设置或返回当前激活的图层对象。

2）Application。语法：object. Application。返回 AutoCAD 应用程序对象。

3）FullName。语法：object. FullName。返回当前激活图形文件全名，如 E:\图形\dl. dwg。

4）Path。语法：object. Path。返回当前激活图形文件路径，如 E:\图形。

5）Name。语法：object. Name。返回当前激活图形文件名字，如 dl. dwg。

6）Saved。语法：object. Saved。返回 Boolean 值，True 表示文档已最新保存，False 表示文档还没有最新保存。

7）Blocks。语法：object. Blocks。返回 Blocks 对象集合，文档中可以包含很多块。

8）Layers。语法：object. Layers。返回 Layers 对象集合，文档中可以包含很多图层。

9）SelectionSets。语法：object. SelectionSets。返回 SelectionSets 对象集合，文档中可以包含很多选择集。

10）ModelSpace。语法：object. ModelSpace。返回模型空间对象集合，一般来说，文档中图形对象都存放在此集合中。

（2）Document 对象常用方法。

1）Activate。语法：object. Activate。图形文档激活为当前可操作文档。

2）Open。语法：object. Open Name［，ReadOnly］［，Password］。打开图形文档。其中：ReadOnly 为 Boolean 值，True 表示文档只读，False 表示文档可读可写，为默认值。Password 为密码，当打开文档设置密码时需要此项。

3）Close。语法：object. Close（［SaveChanges］［，FileName］）。关闭图形文档。其中：SaveChanges 为 Boolean 值，True 表示保存文档，为默认值，False 表示不保存文档。FileName 为当前图形文档的全名。

4）Save。语法：object. Save。保存图形文档。

5）SaveAs。语法：object. SaveAs FileName［，FileType］［，SecurityParams］。另存图形文档。其中：FileName 为另存文件全名；FileType 为文件保存类型，可包括以前版本的 DXF 或 DWG。SecurityParams 文件加密信息。

6）CopyObjects。语法：object. CopyObjects（Objects［，Owner］［，IDPairs］）。图元对象数组拷贝，并返回拷贝的图元对象数组。也可以将图元对象数组从一个文档拷贝到另一个文档中。Objects 被拷贝的图元对象数组。Owner 为目标文档的模型空间对象集合。IDPairs 记录深度拷贝过程中详细信息。

7）GetVariable。语法：object. GetVariable（Name）。返回系统变量值。其中：Name 为系统变量名称。

8）SetVariable。语法：object. SetVariable Name，Value。设置系统变量值。其中：Name 为系统变量名称，Value 为系统变量的赋值。

9）SendCommand。语法：object. SendCommand（Command）。向命令行发送命令。其中：Command 为发送命令所需字符串。

10）Regen。语法：object. Regen WhichViewports。等同 Regen 重新生成命令。其中：WhichViewports 为设定的视口，包括 acActiveViewport 和 acAllViewports。

11）PurgeAll。语法：object. PurgeAll。等同 Purge 清理命令。

12）WBlock。语法：object. WBlock FileName，SelectionSet。将选择集包含的对象保存到外部文件，具有 WBlock 命令功能。

（3）Document 对象常用事件。

1）BeginCommand。语法：object. BeginCommand（CommandName）。启动一条命令时引发该事件。其中：CommandName 为命令名称。

2）EndCommand。语法：object. EndCommand（CommandName）。一条命令结束时引发该事件。其中：CommandName 为命令名称。

3）BeginDocClose。语法：object. BeginDocClose（Cancel）。打开文件结束时引发该事件。其中：Cancel 是 Boolean 值，True 表示中止关闭；Flase 表示执行关闭。

4）BeginSave。语法：object. BeginSave（Filename）。保存文件开始时引发该事件。其中：Filename 为文件名。

5）EndSave。语法：object. EndSave（Filename）。保存文件结束时引发该事件。其中：Filename 为文件名。

6）ObjectAdded。语法：object. ObjectAdded（Entity）。图形文档中增加新图元实体时引发该事件。其中：Entity 为新增加的图元实体对象。

7）ObjectErased。语法：object. ObjectErased（ObjectID）。图形文档中删除图元实体时引发该事件。其中：Entity 为删除的图元实体对象编码。

8）ObjectModified。语法：object. ObjectModified（Entity）。图形文档中修改图元实体时引发该事件。其中：Entity 为修改的图元实体对象。

6. 2. 3 常用的对象集合

（1）ModelSpace 集合：包含模型空间中的所有图形对象（图元实体）。

（2）PaperSpace 集合：包含图纸空间布局中的所有图形对象（图元实体）。

（3）Blocks 集合：包含图形中的所有块。

（4）DimStyles 集合：包含图形中的所有标注样式。

（5）Layers 集合：包含图形中的所有图层。

（6）Linetypes 集合：包含图形中的所有线型。

（7）SelectionSets 集合：包含图形中的所有选择集。

（8）TextStyles 集合：包含图形中的所有文字样式。

6. 2. 4 图形对象和非图形对象

图形对象（也称为图元）是组成图形的可见对象（例如直线、圆、光栅图像等）。要创建这些对象，需使用相应的 Add < Entityname > 方法；要修改或查询这些对象，需使用对象本身的方法或特性。每一个图形对象都拥有允许应用程序执行大部分 AutoCAD 编辑命令（例如复制、删除、移动、镜像等）的方法。这些对象还提供了一些方法，用来设置和检索对象的扩展数据，亮显和更新对象，以及检索对象边框。图形对象具有诸如 Layer、Linetype、Color 和 Handle 之类的典型特性，还具有一些特有的特性，它们因对象类型不同而有所不同，例如 Center、Radius 和 Area。

非图形对象是指属于图形的一部分但不可见的（提示性的）对象，例如 Layers、Linetypes、DimStyles、SelectionSets 等。要创建这些对象，需使用其上级集合对象的 Add 方法；要修改或查询这些对象，需使用对象本身的方法或特性。每一个非图形对象都有用于特定目的的方法和特性，都有设置和检索扩展数据以及删除自己的方法。

6.2.5　AutoCAD 中三种类型事件

Application 对象所引发的事件属于应用程序层事件。Document 对象所引发的事件属于文档层事件。图形对象和非图形对象被更改时所引发的事件属于对象层事件。

（1）应用程序层事件。应用程序层事件，响应 AutoCAD 应用程序及其环境的更改。这些事件可以响应图形的打开、保存、关闭和打印，新图形的创建，AutoCAD 命令的发出，ARX 和 LISP 应用程序的加载或卸载，系统变量的更改以及应用程序窗口的更改。

（2）文档层事件。文档层事件，响应特定的文档或其内容的更改。这些事件可以响应对象的添加、删除或修改，快捷菜单的激活，优先选择集的更改，"图形"窗口的更改以及图形的重生成。一些文档层事件会响应图形的打开、关闭和打印，从图形加载或卸载 ARX 和 LISP 应用程序。

（3）对象层事件。对象层事件，响应特定对象的更改。目前只有一个对象层事件，每次更改对象时都会触发此事件。

此类对象提供的是对象层事件，事件只有一个就是在对象编辑时被引发。语法：Sub Object_Modified(Entity)事件过程。Entity 为数据库驻留实体。

对象事件例子：圆编辑引发事件，弹出对话框显示圆面积。

1）建立类模块 Event_lz，在声明下写入代码段如下：

```
Public WithEvents Object As AcadCircle
```

声明了继承事件的圆变量 Object。

2）目前"对象"下拉列表中显示为"通用"，下拉找到 Object 对象，自动生成对象修改事件过程。在其中写入显示圆面积语句。代码如下：

```
Private Sub Object_Modified(ByVal pObject As IAcadObject)
MsgBox pObject. Area
End Sub
```

3）在标准模块声明中写入代码段如下：

```
Public × × As New Event_lz
```

说明××对象变量为 Event_lz 类的实例。

4）在标准模块中写下过程代码如下：

```
Sub InitializeEvents()
    Dim MyCircle As AcadCircle
    Dim centerPoint(0 To 2) As Double
    Dim radius As Double
    centerPoint(0) = 0#:centerPoint(1) = 0#:centerPoint(2) = 0#
    radius = 5#
    Set MyCircle = thisdrawing. ModelSpace. AddCircle(centerPoint, radius)
    Set XX. Object = MyCircle
End Sub
```

程序建立圆，并将类模块中的 object 对象与创建的 MyCircle 对象绑定。此后，类模块中的事件过程会在事件发生时运行。

6.3　图　形　对　象

前面一节讲授 AutoCAD 对象模型结构，重点讲解 Application 对象和 Document 对象。本节在此基础上重点介绍怎样在 Document. ModelSpace 模型空间对象集合中创建图形对象，以及在 Document 对象中创建非图形对象。本节是 AutoCAD 二次开发的基础，学习在不借用 AutoCAD 命令情况下，完成图形对象的绘制。

6.3.1　图形对象

所谓图形对象即是可以显示的图元实体，其特点是具有几何图形数据。其所属父级对象为 ModelSpace 模型空间对象集合、PaperSpace 图纸空间对象集合以及 block 对象集合。绝大多数图形对象都在 ModelSpace 模型空间对象集合中创建。

图形对象的图形对象很多，本节仅对常用的点、直线、多段线、三维多段线、圆、圆弧等图形对象进行较详细讲述，其余对象也大同小异。

6.3.1.1　对象属性

（1）对象常用的通用属性。

1）Application。语法：object. Application。返回 AutoCAD 应用程序对象。其中：object 为所有 AutoCAD 对象。

2）Document。语法：object. Document。返回对象所在文档对象。其中：object 为数据库驻留实体和数据库驻留对象。

3）Handle。语法：object. Handle。返回对象句柄，统一图纸中每个对象句柄都是唯一的。其中：object 为数据库驻留实体和数据库驻留对象。

4）ObjectName。语法：object. ObjectName。返回对象的 AutoCAD 类名称。其中：object 为数据库驻留实体和数据库驻留对象。

5）Layer。语法：object. Layer。设置或返回对象所在图层名字。其中：object 为数据库驻留实体。

6）Color。语法：object. Color。设置或返回对象的颜色号编码值。其中：object 为数据库驻留实体。

7）Visible。语法：object. Visible。设置或返回对象的可见性，为 Boolean 值，TRUE 代表对象可见，FALSE 代表对象不可见。其中：object 为数据库驻留实体。

8）Linetype。语法：object. Linetype。设置或返回对象的线型名字。其中：object 为数据库驻留实体。

9）LinetypeScale。语法：object. LinetypeScale。设置或返回对象的线型比例。其中：object 为数据库驻留实体。

10）Lineweight。语法：object. Lineweight。设置或返回对象的线型宽度。其中：object 为数据库驻留实体。

（2）点对象属性。除了对象通用属性外，点对象增加坐标属性如下：

1）Coordinate。语法：object. Coordinate［（index）］。返回的变体数据表示顶点数组，顶点数组是从 0 开始的一维数组，其数组元素为三维点坐标数组或二维点坐标数组。对于多段线（LightweightPolyline）来说，其数组元素为二维点坐标数组。对于三维多段线（3DPoly）来说，其数组元素为三维点坐标数组。其中 index 代表要设置或查询顶点的顶点数组中的索引。对于点（Point）来说 index 为 0。

2）Coordinates。语法：object. Coordinates。返回的变体数据表示顶点数据，顶点数据是从 0 开始的一维数组，数组元素双精度浮点数。对于多段线（LightweightPolyline）来说，其数组元素依次为 X1，Y1，X2，Y2，…；对于三维多段线（3DPoly）来说，其数组元素依次为 X1，Y1，Z1，X2，Y2，Z2，…；对于点（Point）来说，其数组元素依次为 X，Y，Z。

（3）直线对象增加属性。除了对象通用属性外，直线对象增加属性如下：

1）Angle。语法：object. Angle。返回 X 轴方向与直线起点到终点方向的夹角（弧度）。

2）Delta。语法：object. Delta。返回三维点坐标数组，保存直线终点坐标相对起点坐标的增量值。

3）Length。语法：object. Length。返回直线长度。

4）Thickness。语法：object. Thickness。设置或返回直线厚度。

5）StartPoint。语法：object. StartPoint。设置或返回直线起点坐标。

6）EndPoint。语法：object. EndPoint。设置或返回直线终点坐标。

（4）多段线对象增加属性。除了对象通用属性和点对象坐标属性外，多段线对象增加属性如下：

1）Area。语法：object. Area。返回多段线的面积。

2）Closed。语法：object. Closed。设置或返回 Boolean 值，True 表示多段线闭合，False 表示多段线不闭合。

3）ConstantWidth。语法：object. ConstantWidth。设置或返回多段线的线宽。

4）Thickness。语法：object. Thickness。设置或返回多段线的厚度。

5）Elevation。语法：object. Elevation。设置或返回多段线的高程。

6）Length。语法：object. Length。设置或返回多段线的长度。

（5）三维多段线对象增加属性。除了对象通用属性和点对象坐标属性外，三维多段线对象增加属性如下：

1）Closed。语法：object. Closed。设置或返回 Boolean 值，True 表示三维多段线闭合，False 表示三维多段线不闭合。

2）Length。语法：object. Length。设置或返回三维多段线的长度。

（6）圆对象增加属性。除了对象通用属性外，圆对象增加属性如下：

1）Area。语法：object. Area。返回圆的面积。

2）Thickness。语法：object. Thickness。设置或返回圆的厚度。

3）Center。语法：object. Center。设置或返回圆心点坐标。

4）Circumference。语法：object. Circumference。设置或返回圆的周长。

5）Diameter。语法：object. Diameter。设置或返回圆的直径。

6）Radius。语法：object. Radius。设置或返回圆的半径。

（7）圆弧对象增加属性。除了对象通用属性外，圆弧对象增加属性如下：

1）Area。语法：object. Area。返回圆弧的面积。

2）Thickness。语法：object. Thickness。设置或返回圆弧的厚度。

3）Center。语法：object. Center。设置或返回圆弧圆心点坐标。

4）ArcLength。语法：object. ArcLength。返回圆弧长度。

5）object. TotalAngle。语法：object. TotalAngle。返回圆弧总角度（弧度）。

6）Radius。语法：object. Radius。设置或返回圆弧半径。

7）StartPoint。语法：object. StartPoint。返回圆弧起点坐标。

8）EndPoint。语法：object. EndPoint。返回圆弧终点坐标。

9）StartAngle。语法：object. StartAngle。设置或返回圆弧起始角度（弧度）。

10）EndAngle。语法：object. EndAngle。设置或返回圆弧终始角度（弧度）。

6.3.1.2　对象方法

（1）对象常用通用方法。

1）ArrayPolar。语法：object. ArrayPolar（NumberOfObjects，AngleToFill，CenterPoint）。返回对象环形阵列后产生的对象数组。其中：object 为数据库驻留实体；NumberOfObjects 为环形阵列对象数目；AngleToFill 为环形阵列角度（弧度）；CenterPoint 为环形阵列中心点坐标。此方法等同环形阵列命令。

2）ArrayRectangular。语法：object. ArrayRectangular（NumberOfRows，NumberOfColumns，NumberOfLevels，DistBetweenRows，DistBetweenColumns，DistBetweenLevels）。返回对象矩形阵列后产生的对象数组。其中，object 为数据库驻留实体；NumberOfRows 为矩形阵列对象行数目；NumberOfColumns 为矩形阵列对象列数目；NumberOfLevels 为矩形阵列对象层数目；DistBetweenRows 为矩形阵列对象行间距；DistBetweenColumns 为矩形阵列对象列间距；DistBetweenLevels 为矩形阵列对象层间距。此方法等同矩形阵列命令。

3）Copy。语法：object. Copy。返回拷贝对象。其中，object 为数据库驻留实体。

4）Delete。语法：object. Delete。无返回值，对象删除。其中，object 为数据库驻留实体和数据库驻留对象。

5）Move。语法：object. Move Point1，Point2。无返回值，对象相对移动，从第一点移动到第二点。其中，object 为数据库驻留实体，Point1，Point2 为点坐标。

6）Rotate。语法：object. Rotate BasePoint，RotationAngle。无返回值，对象基于基点按设定角度旋转。其中，object 为数据库驻留实体，BasePoint 为基点坐标，RotationAngle 为旋转角度（弧度）。

7）Rotate3D。语法：object. Rotate3D Point1，Point2，RotationAngle。无返回值，对象基于两点定义的轴线按设定角度旋转。其中，object 为数据库驻留实体，Point1，Point2 为点坐标，RotationAngle 为旋转角度（弧度）。

8）Mirror。语法：object. Mirror（Point1，Point2）。返回镜像对象，对象基于两点定义的轴线镜像。其中，object 为数据库驻留实体，Point1，Point2 为点坐标。

9）Mirror3D。语法：object. Mirror3D（Point1，Point2，Point3）。返回镜像对象，对象基于三点定义的基准面镜像。其中，object 为数据库驻留实体，Point1，Point2，Point3 为点坐标。

10）ScaleEntity。语法：object. ScaleEntity BasePoint，ScaleFactor。无返回值，对象基

于基点按设定比例缩放。其中，object 为数据库驻留实体，BasePoint 为基点坐标，Scale-Factor 为缩放比例。

11）SetXData。语法：object. SetXData XDataType，XData。无返回值，为对象添加扩展数据。其中：object 为数据库驻留实体和数据库驻留对象，XDataType 为一维数组，元素为表示扩展数据类型的整数，XData 为一维数组，元素为变体型，是与扩展数据类型数组一一对应的扩展数据值。

12）GetXData。语法：object. GetXData AppName，XDataType，XDataValue。从对象中读取扩展数据。其中：object 为数据库驻留实体和数据库驻留对象，AppName 为定义的扩展数据名称，XDataType 为一维数组，元素为表示扩展数据类型的整数，XDataValue 为一维数组，元素为变体型，是与扩展数据类型数组一一对应的扩展数据值。

13）Highlight。语法：object. Highlight HighlightFlag。无返回值，设置对象是否高亮显示。其中：object 为数据库驻留实体，HighlightFlag 为 Boolean 值，True 表示高亮显示，False 表示正常显示。

14）Update。语法：object. Update。无返回值，完成对象在屏幕上更新。其中：object 为数据库驻留实体。

15）GetBoundingBox。语法：object. GetBoundingBox MinPoint，MaxPoint。获得对象最小包围框的左下角点坐标和右上角点坐标。其中：object 为数据库驻留实体。

16）IntersectWith。语法：object. IntersectWith（IntersectObject，ExtendOption）。返回值为一维数组，元素为双精度浮点数，包括两个对象的交点坐标依次为 X1，Y1，Z1，X2，Y2，Z2，…。若无交点，则返回值数组上界为 −1。其中：object 和 IntersectObject 为数据库驻留实体，ExtendOption 包括四个选项：acExtendNone、acExtendThisEntity、acExtendO-therEntity、acExtendBoth。用以控制两个对象是否延伸求相交。

需要说明的是：①如正确求出交点，两个对象必须共面。②并不是所有对象都支持此方法。③其求交结果并不保证正确，还会有重复交点出现。

（2）点对象方法。点对象常用方法与对象通用方法一致。

（3）直线对象增加方法。除了对象通用方法外，直线对象增加方法如下：

Offset。语法：object. Offset（Distance）。返回值为偏移后获得的偏移对象数组，完成对象按设定距离偏移。其中：Distance 为偏移距离，不能为 0，由正负确定偏移方向。

（4）多段线对象增加方法。除具有直线对象方法外，多段线对象增加方法如下：

1）AddVertex。语法：object. AddVertex Index，Point。无返回值，在多段线中插入一个顶点。其中：Index 为插入点在多段线的位置序号，从 0 开始。Point 为插入二维点坐标。

2）Explode。语法：object. Explode。返回值为多段线分解成直线后获得的直线（和圆弧）对象数组，完成多段线分解。

3）SetWidth。语法：object. SetWidth SegmentIndex，StartWidth，EndWidth。无返回值，设置多段线中某线段的起始宽度与终始宽度。其中：SegmentIndex 为多段线中线段位置序号，从 0 开始。StartWidth 为起始宽度值，EndWidth 为终始宽度值。

4）GetWidth。语法：object. GetWidth Index，StartWidth，EndWidth。无返回值，获得多段线中某线段的起始宽度与终始宽度。其中：Index 为多段线各个线段位置序号，从 0

开始。StartWidth 为起始宽度值，EndWidth 为终始宽度值。

5）SetBulge。语法：object. SetBulge Index，Value。无返回值，设置多段线中某线段的凸度。其中：Index 为多段线中线段位置序号，从 0 开始。Value 为凸度值。

凸度：多段线中线段可以是曲线，其弯曲程度由凸度表示。凸度是弧线段对应的圆心角四分之一的正切值，也可以用矢高除以二分之一弦长表示。

6）GetBulge。语法：object. GetBulge(Index)。返回多段线中某线段的凸度值。其中：Index 为多段线中线段位置序号。

（5）三维多段线对象增加方法。除了对象通用方法外，三维多段线对象增加方法如下：

1）AppendVertex。语法：object. AppendVertex Point。无返回值，在三维多段线末端追加一个顶点。其中：Point 为追加三维点坐标。

2）Explode、SetXData、GetXData。以上方法与多段线相同。

（6）圆、圆弧对象增加方法。除了对象通用方法外，圆、圆弧对象增加了 Offset 方法。

语法：object. Offset(Distance)。返回值为偏移后获得的偏移对象数组，完成对象按设定距离偏移。其中：Distance 为偏移距离，不能为 0，由正负确定偏移方向。

6.3.1.3　对象创建和编辑

图形对象的创建都有各自对象特有的创建方法。

语法：Objext. Add < Entityname >(parameter list)。其返回值为创建的图形对象。其中：Objext 主要为 ModelSpace 模型空间对象集合，Entityname 为要创建的图形对象名称，parameter list 为参数列表，不同对象所需参数也不同。

图形对象的编辑包括对象属性的修改，以及应用对象方法对对象进行的操作。例如：通过属性改变对象的颜色、图层等，应用方法移动、缩放对象。

（1）点对象的创建与修改。语法：object. AddPoint(Point)。返回创建的点对象。其中：Point 为三维点坐标。

在（5，5，0）坐标位置创建一个点对象，并将点对象的颜色改为红色。

```
Sub Example_AddPoint( )
    ' This example creates a point in model space.
    Dim pointObj As AcadPoint
    Dim location(0 To 2) As Double

    ' Define the location of the point
    location(0) = 5#:location(1) = 5#:location(2) = 0#

    ' Create the point
    Set pointObj = ThisDrawing. ModelSpace. AddPoint(location)

    pointObj. color = 1
End Sub
```

（2）直线对象的创建与修改。语法：object. AddLine(StartPoint，EndPoint)。返回创建

的直线对象。其中：StartPoint 为直线起点坐标，EndPoint 为直线终点坐标。

创建一个直线对象，其起点坐标（1，1，0），终点坐标（5，5，0）。直线对象的图层改为"管线"图层。

```
Sub Example_AddLine( )
    ' This example adds a line in model space

Dim lineObj As AcadLine
    Dim startPoint (0 To 2) As Double
    Dim endPoint (0 To 2) As Double


    ' Define the start and end points for the line
    startPoint(0) = 1#:startPoint(1) = 1#:startPoint(2) = 0#
    endPoint(0) = 5#:endPoint(1) = 5#:endPoint(2) = 0#


    ' Create the line in model space
    Set lineObj = ThisDrawing. ModelSpace. AddLine(startPoint, endPoint)
    lineObj. layer = "管线"
End Sub
```

（3）多段线对象的创建与修改。语法：object. AddLightWeightPolyline(VerticesList)。返回创建的多段线对象。其中：VerticesList 为二维顶点坐标列表数据。

创建一个含有 5 个顶点多段线对象，对其修改包括：多段线闭合和多段线移动。

```
Sub Example_AddLightWeightPolyline( )
    ' This example creates a lightweight polyline in model space.


    Dim plineObj As AcadLWPolyline
    Dim points(0 To 9) As Double
Dim Point1(2) As Double, point2(2) As Double
    point2(0) = 10:point2(1) = 10


    ' Define the 2D polyline points
    points(0) = 1:points(1) = 1
    points(2) = 1:points(3) = 2
    points(4) = 2:points(5) = 2
    points(6) = 3:points(7) = 2
    points(8) = 4:points(9) = 4


' Create a lightweight Polyline object in model space
Set plineObj = ThisDrawing. ModelSpace. AddLightWeightPolyline(points)


    plineObj. closed = True
plineObj. Move point1 ,point2


    End Sub
```

（4）三维多段线对象的创建与修改。语法：object. Add3Dpoly（PointsArray）。返回创建的三维多段线对象。其中：PointsArray 为三维顶点坐标列表数据。

创建一个含有 3 个顶点三维多段线对象，并在其末尾追加一个顶点。

```
Sub Example_Add3DPoly( )

    Dim polyObj As Acad3DPolyline
    Dim points( 0 To 8 ) As Double
Dim newVertex ( 0 To 2 ) As Double
newVertex( 0 ) = 50 : newVertex( 1 ) = 50 : newVertex( 2 ) = 50 :

    ' Create the array of points
    points( 0 ) = 0 : points( 1 ) = 0 : points( 2 ) = 0
    points( 3 ) = 10 : points( 4 ) = 10 : points( 5 ) = 10
    points( 6 ) = 30 : points( 7 ) = 20 : points( 8 ) = 30

    ' Create a 3DPolyline in model space
    Set polyObj = ThisDrawing. ModelSpace. Add3DPoly( points )

    polyObj. AppendVertex newVertex

End Sub
```

（5）圆对象的创建与修改。语法：object. AddCircle（Center，Radius）。返回创建的圆对象。其中：Center 为圆心坐标，Radius 为圆半径。

创建一个圆心在原点，半径为 5 的圆对象，改变圆的半径后对圆偏移 2。

```
Sub Example_AddCircle( )
    ' This example creates a circle in model space.

    Dim circleObj As AcadCircle
    Dim centerPoint( 0 To 2 ) As Double
    Dim radius As Double

    ' Define the circle
    centerPoint( 0 ) = 0# : centerPoint( 1 ) = 0# : centerPoint( 2 ) = 0#
    radius = 5#

    ' Create the Circle object in model space
Set circleObj = ThisDrawing. ModelSpace. AddCircle( centerPoint, radius )

circleObj. Radius = 10
    circleObj. offset 2
End Sub
```

（6）圆弧对象的创建与修改。语法：object. AddArc（Center，Radius，StartAngle，EndAngle）。返回创建的圆弧对象。其中：Center 为圆心坐标，Radius 为圆半径，StartAngle 为圆弧起始角度（弧度），EndAngle 为圆弧终始角度（弧度）。

创建一个圆心在原点，半径为 5，起始角为 10°，终始角为 230°的圆弧对象，拷贝圆弧对象，并改变拷贝圆弧对象的半径为 8。

```
Sub Example_AddArc( )
    ' This example creates an arc in model space.

    Dim CParcObj As AcadArc
    Dim arcObj As AcadArc
        Dim centerPoint ( 0 To 2 ) As Double
        Dim radius As Double
        Dim startAngleInDegree As Double
        Dim endAngleInDegree As Double


        ' Define the circle
        centerPoint( 0 ) = 0#: centerPoint( 1 ) = 0#: centerPoint( 2 ) = 0#
        radius = 5#
        startAngleInDegree = 10#
        endAngleInDegree = 230#


        ' Convert the angles in degrees to angles in radians
        Dim startAngleInRadian As Double
        Dim endAngleInRadian As Double
        startAngleInRadian = startAngleInDegree * 3. 141592 / 180#
        endAngleInRadian = endAngleInDegree * 3. 141592 / 180#


        ' Create the arc object in model space
        Set arcObj = ThisDrawing. ModelSpace. AddArc( centerPoint, radius, startAngleInRadian, endAngleIn-
Radian)


        Set CParcObj = arcObj. Copy( )
            CParcObj. Radius = 8


    End Sub
```

6.3.2　非图形对象

所谓非图形对象即是不可以显示的对象，其特点是不具有几何图形数据。其所属父级对象为 Document 图形文档对象。非图形对象也比较多，如 Linetype、DimStyle、SelectionSet 等。本节仅对常用的图层为例讲述非图形对象的属性、方法，以及创建和编辑。其余对象也大同小异。

6.3.2.1　图层对象属性

（1）Application。语法：object. Application。返回 AutoCAD 应用程序对象。

（2）Document。语法：object. Document。返回图层所在文档对象。

（3）Name。语法：object. Name。设置或返回图层名称。

（4）Used。语法：object. Used。返回 Boolean 值，表示图层是否已被使用。True 代表图层被使用，False 代表图层未被使用。

（5）Color。语法：object. Color。设置或返回图层颜色值。

（6）LayerOn。语法：object. LayerOn。设置或返回 Boolean 值，表示图层开关状态。True 代表图层开状态，False 代表图层关状态。

（7）Lock。语法：object. Lock。设置或返回 Boolean 值，表示图层锁定状态。True 代表图层锁定状态，False 代表图层未锁定状态。

（8）Freeze。语法：object. Freeze。设置或返回 Boolean 值，表示图层冻结状态。True 代表图层冻结状态，False 代表图层未冻结状态。

（9）Linetype。语法：object. Linetype。设置或返回图层的线型名字。

（10）Lineweight。语法：object. Lineweight。设置或返回图层的线型宽度。

6.3.2.2　图层对象方法

图层的方法较少其中 Delete、SetXData、GetXData 方法与图形对象中的方法相同。

6.3.2.3　图层对象创建和编辑

非图形对象的创建方法相对一致，创建非图形对象需使用其上级集合对象的 Add 方法。语法：Objext. Add(parameter list)。其返回值为创建的非图形对象。其中：Objext 主要为非图形对象所属集合，parameter list 为参数列表，不同对象所需参数也不同。

要修改或查询这些对象，请使用对象本身的方法或特性。每一个非图形对象都有用于特定目的的方法和特性，都有设置和检索扩展数据以及删除自己的方法。

图层对象的创建与编辑

语法：object. Add(Name)。返回创建的图层对象。其中：object 为图形文档中图层对象集合，Name 为将要创建的图层名称。

在当前图中创建了"New_ Layer"图层，并将此图层设置为当前图层，图层颜色设置为红色。

```
Sub Example_AddLayer( )
    ' This example creates a new layer called "New_Layer "
    Dim layerObj As AcadLayer

    ' Add the layer to the layers collection
    Set layerObj = thisdrawing. Layers. Add( "New_Layer ")

    ' Make the new layer the active layer for the drawing
    thisdrawing. ActiveLayer = layerObj
    layerObj. color = 1
End Sub
```

6.3.3　对象事件

此类对象提供的是对象层事件，事件只有一个就是在对象编辑时被引发。语法：Sub Object_Modified(Entity)事件过程。Entity 为数据库驻留实体。

对象事件例子：圆编辑引发事件，弹出对话框显示圆面积。

（1）建立类模块 Event_ lz，在声明下写入代码段如下：

Public WithEvents Object As AcadCircle

声明了继承事件的圆变量 Object。

（2）目前"对象"下拉列表中显示为"通用"，下拉找到 Object 对象，自动生成对象修改事件过程。在其中写入显示圆面积语句。代码如下：

Private Sub Object_Modified(ByVal pObject As IAcadObject)

MsgBox pObject. Area

End Sub

（3）在标准模块声明中写入代码段如下：

Public × × As New Event_lz

说明 × ×对象变量为 Event_ lz 类的实例。

（4）在标准模块中写下过程代码如下：

Sub InitializeEvents( )

　　　　Dim MyCircle As AcadCircle

　　　　Dim centerPoint(0 To 2) As Double

　　　　Dim radius As Double

　　　　centerPoint(0) = 0#:centerPoint(1) = 0#:centerPoint(2) = 0#

　　　　radius = 5#

　　　　Set MyCircle = thisdrawing. ModelSpace. AddCircle(centerPoint，radius)

　　　　Set XX. Object = MyCircle

End Sub

程序建立圆，并将类模块中的 object 对象与创建的 MyCircle 对象绑定。此后，类模块中的事件过程会在事件发生时运行。

――――― 本 章 小 结 ―――――

本章介绍了 AutoCAD 对象模型的创建和编辑，主要涉及面向对象编程，AutoCAD 对象模型以及图形对象。通过本章读者了解面向对象编程，并且学习在不借用 AutoCAD 命令情况下，完成图形对象的绘制。

习　　题

6-1　Application 对象是 AutoCAD ActiveX Automation 对象模型的根对象，它包括哪些部分？

6-2　列出所有图形和非图形对象，他们有什么区别？

6-3　如何实现对 AutoCAD 数据库图形对象的访问？给出实例代码。

6-4　AutoCAD 中集合对象是指？列举出部分实例。

6-5　如何实现图形对象的旋转、平移、缩放？请给出具体实现代码。

6-6　如何修改图形对象属性？请给出具体实现代码。

6-7　编写程序绘制一个圆，选定圆自动创建圆的内接五角星，并将图形对象转化为多段线。请给出具体实现代码。

7 人机交互与选择集

在 AutoCAD 二次开发中，人机交互是重要内容之一。AutoCAD 平台特点是提供命令行输入，这也为人机交互提供了一种便利，Document 对象下提供的 Utility 对象中定义了很多用户输入方法供人机交互使用。通过选择集屏幕选择，也是人机交互中重要形式之一。

Utility 对象中同时提供了一些实用函数可供使用，图形对象中的属性和方法也以另一种方式提供了实用函数，掌握 AutoCAD 常用内部函数可加快 AutoCAD 二次开发效率。

本章最后通过井筒断面绘制的例子，对以前知识和本章内容做实践练习。通过本章的学习，应掌握以下内容：

（1）人机交互函数；

（2）常用内部函数；

（3）工程图纸绘图程序开发。

7.1 Utility 对象中的人机交互

Utility 对象（Document 对象的子对象）定义了用户输入方法。用户输入方法会在 AutoCAD 命令行显示提示并要求提供不同的输入类型。这种用户输入对于交互式输入屏幕坐标、图元选择、短字符串或数值非常有用。如果应用程序要求输入多个选项或值，则使用对话框可能比使用单个提示更合适。

每个用户输入方法都在 AutoCAD 命令行显示提示，并返回特定于所请求的输入类型的值。例如，GetString 返回一个字符串、GetPoint 返回一个变量（三维点坐标）而 GetInteger 返回一个整数值。还可以使用 InitializeUserInput 方法进一步控制用户的输入。此方法使用户可以控制 NULL 输入（按 ENTER 键）、零或负数的输入以及任意文字值的输入等。

要使提示单独显示在一行中，可以在提示字符串的开头使用回车符/换行常量字符（vbCrLf）。

（1）GetAngle。语法：RetVal = GetAngle（[Point][, Prompt]）。返回角度值（弧度）。其中，Point 为三维点坐标，可选，代表起点。Prompt 为提示字符串，可选。此函数返回两个输入点的方向角（弧度），或返回直接输入角度的弧度值。需要说明的是：此函数返回的方向角受 ANGBASE 系统变量设置的基准角影响。

（2）GetCorner。语法：RetVal = GetCorner（Point[, Prompt]）。返回对角点坐标。其中，Point 为三维点坐标，Prompt 为提示字符串，可选。此函数根据已知起点，获取屏幕选择的对角点坐标，函数执行中总有以起点和对角点组成的矩形橡皮条框在做提示。

（3）GetDistance。语法：RetVal = GetDistance（[Point][, Prompt]）。返回两点间距

离。其中，Point 为三维点坐标，可选，代表起点。Prompt 为提示字符串，可选。此函数根据屏幕选择的两点获得两点距离，或根据已知起点，屏幕选择终点方式获取两点距离，函数执行中总有以起点到终点的橡皮条在做提示。

（4）GetEntity。语法：GetEntity Object, PickedPoint［, Prompt］。返回单选的图形对象。其中，Object 为将返回的图形对象变量，PickedPoint 为屏幕选择对象上的某一点，Prompt 为提示字符串，可选。此函数通过屏幕选择图形对象上某一点而获得该图形对象，即完成屏幕图形对象单选操作。

（5）GetInteger。语法：RetVal = GetInteger（［Prompt］）。返回输入的整数。其中，Prompt 为提示字符串，可选。此函数只接受在命令行输入的整数，输入非整数将有错误对话框提示。

（6）GetOrientation。语法：RetVal = GetOrientation（［Point］［, Prompt］）。返回角度值（弧度）。此函数与 GetAngle 函数功能相同，不同点是此函数返回的方向角受 ANGBASE 系统变量设置的基准角影响。

（7）GetPoint。语法：RetVal = GetPoint（［Point］［, Prompt］）。返回点坐标。其中，Point 为三维点坐标，可选，代表起点。Prompt 为提示字符串，可选。此函数返回屏幕选取的点坐标。如果有起点存在，则函数执行中总有以起点到选取点的橡皮条在做提示。

（8）GetReal。语法：RetVal = GetReal（［Prompt］）。返回输入的实数。其中，Prompt 为提示字符串，可选。此函数只接受在命令行输入的实数，输入非实数将有错误对话框提示。

（9）GetString。语法：RetVal = GetString（HasSpaces［, Prompt］）。返回输入的字符串。其中，HasSpaces 为 Boolean 值，设置字符串中是否含有空格，True 表示可以含空格，False 表示不可以含空格。Prompt 为提示字符串，可选。此函数接受在命令行输入的字符串。

（10）Prompt。语法：Prompt Message。无返回值，在命令行显示字符串。其中，Message 为将在命令行显示的字符串。

7.2　选择集中的屏幕选择

建立屏幕选择集方法：SelectOnScreen。

语法：object. SelectOnScreen［FilterType］［, FilterData］。返回屏幕选择的（或经过过滤器过滤）图形对象数组。其中：Object 为 SelectionSet 选择集对象，FilterType 为选择集过滤器使用的组代码类型数组，FilterData 为与 FilterType 对应的组代码类型的值数组。

例如：提示用户选择对象，然后将这些对象添加到选择集中，并删除。

```
Sub Ch4_AddToASelectionSet( )
    ' 创建新的选择集
    Dim sset As AcadSelectionSet
    Set sset = ThisDrawing. SelectionSets. Add( "SS1 ")
    sset. SelectOnScreen
' 提示用户选择对象
```

```
        sset. Erase
    sset. Delete
    End Sub
```

7.3　常用内部函数

在 AutoCAD 中有些常用的内部函数，比如求多边形面积、多段线长度、两线相交、极坐标方式求点坐标等。有些函数是实体属性或方法所提供的，还有些函数是 Utility 对象提供的。

（1）Angle/Area/ Length 函数。在直线对象的属性中，Angle 属性直接返回直线的方向角（弧度）。

在多段线、圆、圆弧、样条曲线、椭圆、面域、充填图案对象属性中，Area 属性直接返回对象的面积。

在直线、多段线、三维多段线对象属性中，Length 属性直接返回对象的长度。

（2）IntersectWith/Boolean 函数。几乎所有图形对象都包括 IntersectWith 方法，用以获得两个对象交点坐标，但不一定这些对象都支持本函数操作。

在面域、三维实体对象中包括 Boolean 方法，用以获得两个对象布尔运算后的面积或体积。

（3）AngleToReal/AngleToString 函数。AngleToReal 语法：RetVal = AngleToReal（Angle，Unit）。返回描述角度字符串的弧度值。其中，Angle 为描述角度的字符串，Unit 角度单位类型值，Unit 包括 acDegrees（度，如"45. 5612"）、acDegreeMinuteSeconds（度分秒，如"45d50′30″"）、acGrads（梯度，如"50"）、acRadians（弧度，如"0. 78"）。

AngleToString 语法：RetVal = AngleToString（Angle，Unit，Precision）。返回角度（弧度）值转换所得的角度字符串，角度字符串类型由 Unit 设定，角度（弧度）值所取小数点精度由 Precision 设定。其中：Angle 为角度（弧度）值，Unit 角度单位类型值，Precision 精度值 0 至 8。

（4）DistanceToReal/RealToString 函数。DistanceToReal 语法：RetVal = DistanceToReal（Distance，Unit）。返回描述长度字符串的长度值。其中，Distance 为描述长度的字符串，Unit 长度单位类型值，Unit 包括 acDefaultUnits（默认单位）、acScientific（科学进制，如"1. 75E + 01"）、acArchitectural（建筑，如"1′ – 5 1/2″"）、acDecimal（十进制，如"17. 5"）、acEngineering（工程，如"1′ – 5.50″"）、acFractional（分数，如"17 1/2"）。

RealToString 语法：RetVal = RealToString（Value，Unit，Precision）。返回表示长度的实数值转换所得的长度字符串，长度字符串类型由 Unit 设定，长度实数值所取小数点精度由 Precision 设定。其中，Angle 为长度实数值，Unit 为长度单位类型值，Precision 精度值为 0 ~ 8。

（5）AngleFromXAxis 函数。语法：RetVal = AngleFromXAxis（Point1，Point2）。返回角度值（弧度）。其中：Point1、Point2 为三维点坐标。此函数根据两个输入点获得其方向角的弧度值，与 GetAngle 方法有些相似。

（6）PolarPoint 函数。语法：RetVal = PolarPoint（Point，Angle，Distance）。返回三维点

坐标。其中，Point 为起点三维点坐标，Angle 为方向角（弧度），Distance 为长度值。此函数按极坐标方式，根据已知起点、方向角及距离获得点坐标。

7.4 选 择 集

选择集是 AutoCAD 二次开发中非常重要的内容，除了简单的人机交互选择对象操作外，更多情况下，对于图形对象的操作要应用选择集。选择集顾名思义，就是创建一个对象集合，将符合条件的图形对象放入集合中供程序操作。选择集中对象选取方法很多，其中过滤器应用，给选择方法提供了更大的灵活性。

本节讲解创建选择集的各种方法，选择集过滤器的使用，选择集的删除。最后通过创建通用选择集函数例子，对以前知识和本章内容做综合实践练习，供大家学习和应用。

7.4.1 创建选择集

创建选择集分两个步骤。首先，必须创建新的选择集并将其添加到 SelectionSets 集合。然后把要处理的对象添加到选择集中。

7.4.1.1 创建命名选择集

语法：RetVal = object. Add(Name)。返回选择集对象。其中，object 为 Document 对象下 SelectionSets 集合对象，Name 为选择集名称。需要说明的是选择集名称有唯一性，申请时如果已存在同名的选择集，AutoCAD 将返回一条错误信息。

创建选择集例子如下：

```
Sub Ch4_CreateSelectionSet( )
    Dim selectionSet1 As AcadSelectionSet
SetselectionSet1 = ThisDrawing. SelectionSets. Add( "NewSel")
    …

End Sub
```

7.4.1.2 选择集中添加对象

向选择集中添加对象的方法很多，包括前一章的屏幕选择共有 5 种方法。

（1）AddItems。向指定的选择集添加一个或多个对象。

语法：object. AddItems Items。无返回值。其中，object 为选择集对象，Items 为图形对象数组。

（2）Select。选择对象并将其放到活动的选择集中。选择方式包括：选择所有对象、窗口内对象、在窗口内或与窗口交叉对象、上一个选择集中的对象、最近创建的对象。

语法：object. Select Mode[, Point1 , Point2][, FilterType , FilterData]。无返回值。其中，object 为选择集对象，Mode 为选择方式，包括 acSelectionSetAll 选择所有对象、acSelectionSetWindow 窗口选择、acSelectionSetCrossing 交叉选择、acSelectionSetPrevious 前一个选择对象集中对象、acSelectionSetLast 最后创建的对象，Point1、Point2 可选，为三维点坐标，与窗口和交叉选择一起使用，FilterType、FilterData 可选，为过滤器约束列表。

（3）SelectAtPoint。选择穿过给定点的对象并将其放到活动的选择集中。

语法：object. SelectAtPoint Point[, FilterType , FilterData]。无返回值。其中，object 为

选择集对象，Point 为三维点坐标，FilterType、FilterData 可选，为过滤器约束列表。

（4）SelectByPolygon。选择位于多边形区域内或与其相交的对象、与选择栏相交的所有对象，并将其添加到活动的选择集中。

语法：object. SelectByPolygon Mode，PointsList[，FilterType，FilterData]。无返回值。其中，object 为选择集对象，Mode 为选择方式，包括 acSelectionSetFence 与围栏相交的所有对象、acSelectionSetWindowPolygon 多边形区域内的所有对象、acSelectionSetCrossingPolygon 多边形区域内或与其相交的对象，FilterType、FilterData 可选，为过滤器约束列表。

（5）SelectOnScreen。提示用户在屏幕上拾取的对象并将其添加到活动的选择集中。

语法：object. SelectOnScreen[FilterType，FilterData]。无返回值。其中，object 为选择集对象，FilterType、FilterData 可选，为过滤器约束列表。

7.4.2　选择过滤器规则

用户可以使用过滤器列表按照特性或对象类型来限制选择集，例如，可以只复制图形上的红色对象，或只复制某个图层上的对象。还可以在过滤器列表中组合选择条件，例如创建工业品位以上的炮孔选择集，仅当对象为红色的圆且位于特定"炮孔"图层上时，才通知 AutoCAD 将其包含在选择集中。如前所述，可以为 Select、SelectAtPoint、SelectByPolygon 和 SelectOnScreen 方法指定过滤器列表。

过滤器参数声明为数组，FilterType 过滤器类型声明为整数，FilterData 过滤器值声明为变量。每个过滤器类型都必须与过滤器值成对出现。例如：

FilterType(0) = 0 ' 表示过滤器是对象类型。

FilterData(0) = "Circle" ' 表示对象类型是"Circle"。

7.4.2.1　常用过滤器类型的 DXF 组码及对应类型值

常用过滤器类型的 DXF 组码及对应类型值具体见表 7-1。

表 7-1　过滤器类型的 DXF 组码及对应类型值

DXF 组码	过 滤 器 类 型 值
0	对象类型（字符串）例如 "Line" "Circle" "Arc" 等
2	对象名（字符串）命名对象的表（给定）名称。例如 * U2 块名
8	图层名（字符串）例如 "Layer 0"
60	对象可见性（整数）使用 0 = 可见，1 = 不可见
62	颜色编号（整数）范围 0 到 256 内的数字索引值。零表示 BYBLOCK。256 表示 BYLAYER

有关 DXF 组码的完整列表，请参见《DXF 参考手册》中的"组码值类型"。

例如：采用屏幕选择创建选择集，选取图层为"炮孔"、颜色为红色的圆。

```
Sub Ch4_FilterMtext( )
    Dim sstext As AcadSelectionSet
    Dim FilterType(2) As Integer
    Dim FilterData(2) As Variant
    Set sstext = ThisDrawing. SelectionSets. Add("SS2")
    FilterType(0) = 0
```

FilterData(0) = " Circle "

FilterType(1) = 8

FilterData(1) = "炮孔"

FilterType(2) = 62

FilterData(2) = 1

　　sstext. SelectOnScreen FilterType，FilterData

End Sub

7.4.2.2　过滤器列表中关系运算符应用

对于过滤器列表中数字项，用户可以指定关系运算（例如，圆的半径必须大于或等于 5.0）等，此时在过滤条件中需要应用关系运算。

使用 −4 DXF 组码来指示过滤器规格中的关系运算符。以字符串的形式来指定运算符。表 7-2 列出了可以使用的关系运算符。

表 7-2　关系运算符应用表

运算符	说　　明	运算符	说　　明
" = "	相等	"<"	小于
"! = "	不等于	"< = "	小于或等于
"/ = "	不等于	">"	大于
"< >"	不等于	"> = "	大于或等于

例如：采用屏幕选择创建选择集，选取半径大于或等于 5.0 的圆。

Sub Ch4_FilterRelational( )

　　Dim sstext As AcadSelectionSet

　　Dim FilterType(2) As Integer

　　Dim FilterData(2) As Variant

　　Set sstext = ThisDrawing. SelectionSets. Add(" SS5 ")

　　FilterType(0) = 0

　　FilterData(0) = " Circle "

　　FilterType(1) = −4

　　FilterData(1) = "> = "

　　FilterType(2) = 40

　　FilterData(2) = 5#

　　sstext. SelectOnScreen FilterType，FilterData

End Sub

7.4.2.3　过滤器列表中逻辑运算符应用

对于过滤器列表中所有项，用户可以指定逻辑运算（例如 Text 或 Mtext 等），此时在过滤条件中需要应用逻辑运算。

过滤器列表中的逻辑运算符也由 −4 组代码表示，运算符为字符串，但必须组对。运算符以小于号（<）开始，以大于号（>）结束。表 7-3 列出了可以在选择集过滤中使用的逻辑运算符。

表7-3　逻辑运算符应用表

开始运算符	包含的内容	结束运算符
"< AND "	一个或多个运算对象	" AND >"
"< OR "	一个或多个运算对象	" OR >"
"< NOT "	一个运算对象	" NOT >"

例如：采用屏幕选择创建选择集，选取 Text 或 Mtext 对象。

```
Sub Ch4_FilterOrTest( )
    Dim sstext As AcadSelectionSet
    Dim FilterType(3) As Integer
    Dim FilterData(3) As Variant
    Set sstext = ThisDrawing. SelectionSets. Add( "SS6 ")
    FilterType(0) = −4
    FilterData(0) = "< or "
    FilterType(1) = 0
    FilterData(1) = "TEXT "
    FilterType(2) = 0
    FilterData(2) = "MTEXT "
    FilterType(3) = −4
    FilterData(3) = "or >"
    sstext. SelectOnScreen FilterType, FilterData
End Sub
```

7.4.2.4　过滤器列表中通配符应用

有时对于过滤器列表中符号名称和字符串，可以包含通配符模式完成特定的选择，例如，要指定仅将命名为"*U2 "的匿名块包含在选择集中，此时在过滤条件中需要应用通配符，具体见表7-4。过滤器列表参数如下：

```
FilterType(0) = 2
FilterData(0) = "*U2 "
```

表7-4　通配符应用表

通配符	含　义
#（磅值符号）	匹配任意一个数字
@（在符号）	匹配任意一个字母
.（句点）	匹配任意一个非字母数字的字符
*（星号）	匹配任何字符序列（包括空字符），可用于搜索模式中的任何位置：在开头、在中间或在结尾
?（问号）	匹配任意一个字符
~（波浪号）	如果它是模式中的第一个字符，则匹配除此模式以外的任意内容
[...]	匹配方括号中的任意一个字符
[~...]	匹配不在方括号中的任意一个字符
−（连字符）	用在方括号中，指定一个字符的取值范围
,（逗号）	分隔两个模式
`（反引号）	避开特殊的字符（直接读取下一个字符）

例如：采用屏幕选择创建选择集，选取字符串中出现"The"的多行文字。

```
Sub Ch4_FilterCardTest( )
    Dim sstext As AcadSelectionSet
    Dim FilterType(1) As Integer
    Dim FilterData(1) As Variant
    Set sstext = ThisDrawing. SelectionSets. Add("SS6")
    FilterType(0) = 0
    FilterData(0) = "MTEXT"
    FilterType(1) = 1
    FilterData(1) = " * The * "
    sstext. SelectOnScreen FilterType, FilterData
End Sub
```

7.4.3 选择集删除

创建选择集之后，用户可以选择从中删除个别对象或所有对象。例如，可以先选择整组的紧密编组对象，然后删除组内的特定对象，只留下要保留在选择集中的对象。

使用以下方法从选择集中删除项：

（1）RemoveItems。语法：object. RemoveItems Objects。无返回值。其中，Objects 为将被移除选择集的图形对象数组。RemoveItems 方法从选择集中删除一个或多个项。删除的项仍然存在于图形中，但不再包含在选择集中。

（2）Clear。语法：object. Clear。无返回值。Clear 方法将清空选择集。选择集仍然存在，但不再包含任何项。原来包含在选择集中的项仍然存在于图形中，但不再包含在选择集中。

（3）Erase。语法：object. Erase。无返回值。Erase 方法删除选择集中的所有项。选择集仍然存在，但不再包含任何项。原来包含在选择集中的项也不再存在。

（4）Delete。语法：object. Delete。无返回值。Delete 方法删除选择集。调用 Delete 方法之后，选择集将不再存在。原来包含在选择集中的项仍然存在于图形中，但不再包含在选择集中。

7.4.4 选择集应用

7.4.4.1 创建通用选择集函数

（1）创建通用选择集函数中参数的分析设计：

1）创建选择集中，选择集名称是必不可少的，因此函数参数中需要一个选择集名称变量。命名为 ss_name 字符串变量。

2）若将 5 种对象添加类型集中在一个函数中完成，需要构建一个枚举变量加以区分。命名为 ss_lx 枚举变量。

3）只有 AddItems 添加类型需要对象数组，因此函数需要一个可选对象数组变量。命名为 ents 变体型变量。

4）只有 Select 和 SelectByPolygon 添加类型有对象选择方式参数要求，因此函数需要一个可选对象选择方式枚举变量。命名为 ss_Mode 枚举变量。

5）Select 添加类型有两个窗口对角点坐标可选参数，因此函数依然要保留。命名为 pt1，pt2 变体型变量。

6）SelectByPolygon 添加类型需要有多边形三维顶点坐标数组参数，SelectAtPoint 添加类型需要有一个三维点坐标参数，因此函数需要一个同样的可选项。命名为 pts 变体型变量。

7）除了 AddItems 添加类型外，其他类型都有过滤器可选项，因此函数依然要保留过滤器可选项。为方便使用函数中过滤器为字符串，形式如下："DXF 组码1，对应的类型值1，DXF 组码2，对应的类型值2，…"。命名为 ss_Filter 字符串变量。

（2）选择集对象添加类型枚举变量如下：

```
Public Enum Select_lx
        lxAddItems = 1
        lxSelect = 2
        lxSelectAtPoint = 3
        lxSelectByPolygon = 4
        lxSelectOnScreen = 5
End Enum
```

（3）创建通用选择集函数如下：

```
Function build_ss( ss_name As String, ss_lx As Select_lx, Optional ents As Variant, Optional ss_Mode As AcSelect, Optional pt1 As Variant, Optional pt2 As Variant, Optional pts As Variant, Optional ss_Filter As String) As AcadSelectionSet
    ' 定义选择集对象 ss
        Dim ss As AcadSelectionSet
    ' 删除已存在的同名选择集
        On Error GoTo Errd   ' 错误陷阱
        If thisdrawing. SelectionSets. Count < > 0 Then
            For i = 0 To thisdrawing. SelectionSets. Count  - 1
                Set ss = thisdrawing. SelectionSets. Item( i )
                If StrComp( UCase( ss_name) , UCase( ss. Name) ) = 0 Then
                    ss. Delete   ' 删除已命名选择集
                End If
            Next i
        End If
    ' 建立一个名为 ss_name 的选择集并转给 ss
        Set ss = thisdrawing. SelectionSets. Add( ss_name)   ' 命名选择集
    ' 提取过滤条件
        Dim FilterType( ) As Integer   ' 过滤器 DXF 组码列表
        Dim FilterData( ) As Variant   ' 过滤器类型值列表
        Dim FilterV As Variant        ' 过滤器字符串转数组
        Dim Filter_sm As Integer      ' 过滤器列表数组上界
        Dim Filter_TF As Boolean      ' 过滤器有无标志

        If Len( Trim( ss_Filter) ) > 0 Then   ' 判断过滤器有无
```

```
            FilterV = Split( ss_Filter, "," )
            Filter_sm = UBound( FilterV ) \2
            ReDim FilterType( Filter_sm )
            ReDim FilterData( Filter_sm )
            For i = 0 To Filter_sm
                FilterType( i ) = CInt( FilterV( i * 2 ) )
                FilterData( i ) = FilterV( i * 2 + 1 )
            Next i
            Filter_TF = True
        End If
'根据选择集添加对象形式不同,依据不同参数创建选择集
        ' On Error Resume Next
        If ss_lx = lxAddItems Then    ' AddItems 形式
            ss. AddItems ents
        ElseIf ss_lx = lxSelectAtPoint Then   ' SelectAtPoint 形式
            If Filter_TF = True Then
                ss. SelectAtPoint pts, FilterType, FilterData
            Else
                ss. SelectAtPoint pts
            End If
        ElseIf ss_lx = lxSelectOnScreen Then   ' SelectOnScreen 形式
            If Filter_TF = True Then
                ss. SelectOnScreen FilterType, FilterData
            Else
ss. SelectOnScreen
            End If
        ElseIf ss_lx = lxSelectByPolygon Then   ' SelectByPolygon 形式
            If Filter_TF = True Then
                ss. SelectByPolygon ss_Mode, pts, FilterType, FilterData
            Else
                ss. SelectByPolygon ss_Mode, pts
            End If
ElseIf ss_lx = lxSelect Then                    ' Select 形式
            If IsEmpty( pt1 ) = False And IsEmpty( pt2 ) = False Then
                If Filter_TF = True Then
                    ss. Select ss_Mode, pt1, pt2, FilterType, FilterData
                Else
                    ss. Select ss_Mode, pt1, pt2
                End If
            Else
                If Filter_TF = True Then
                    ss. Select ss_Mode, , , FilterType, FilterData
                Else
```

```
            ss. Select ss_Mode
         End If
      End If
   End If
   ' 赋值
   Set build_ss = ss
Exit Function
Errd：
   MsgBox Err. Description
End Function
```

7.4.4.2　通用选择集函数应用举例

（1）采用 AddItems 添加类型创建选择集：

```
Sub build_ss_ys1( )
Dim ss As AcadSelectionSet
ReDim pss(thisdrawing. ModelSpace. Count － 1) As AcadEntity
For Each ent In thisdrawing. ModelSpace
         Set pss(i) = ent
         i = i + 1
Next ent
Set ss = build_ss("jhj", lxAddItems, pss)
MsgBox ss. Count
End sub
```

（2）采用 Select 添加类型创建选择集：

```
Sub build_ss_ys2( )
Dim ss As AcadSelectionSet
Dim pt1, pt2
pt1 = thisdrawing. Utility. GetPoint( , "第一点：")
pt2 = thisdrawing. Utility. GetCorner(pt1, "第二点：")
Set ss = build_ss("jhj", lxSelect, , acSelectionSetCrossing, pt1, pt2)
MsgBox ss. Count
Set ss = build_ss("jhj", lxSelect, , acSelectionSetCrossing, pt1, pt2, , "0,circle,8,0")
MsgBox ss. Count
End sub
```

（3）采用 SelectAtPoint 添加类型创建选择集：

```
Sub build_ss_ys3( )
Dim ss As AcadSelectionSet
Dim pt(2) As Double
pt(0) = 10：pt(1) = 10
Set ss = build_ss("jhj", lxSelectAtPoint, , , , , pt)
MsgBox ss. Count
End sub
```

（4）采用 SelectByPolygon 添加类型创建选择集：

```
Sub build_ss_ys4()
Dim ss As AcadSelectionSet
Dim ent1 As Acad3DPolyline
thisdrawing. Utility. GetEntity ent1, pt, "选择三维线:"
pts = ent1. Coordinates
Set ss = build_ss("jhj", lxSelectByPolygon,, acSelectionSetCrossingPolygon,,, pts, "0,circle")
MsgBox ss. Count
End sub
```

（5）采用 SelectOnScreen 添加类型创建选择集：

```
Sub build_ss_ys5()
Dim ss As AcadSelectionSet
Set ss = build_ss("jhj", lxSelectOnScreen)
MsgBox ss. Count
Set ss = build_ss("jhj", lxSelectOnScreen,,,,,, "0,circle,8,0")
MsgBox ss. Count
End sub
```

7.4.4.3　选择集在图形对象处理上应用

下面程序演示选择集具体应用，将图纸中所有在"炮孔"图层、颜色为红色的圆，添加到创建的选择集中。历遍选择集将其中圆的半径设置为5。

```
Sub ss_yy()
    Dim ss As AcadSelectionSet, cc As AcadCircle
Set ss = build_ss("jhj", lxSelect,, acSelectionSetAll,,,, "0,circle,8,炮孔,62,1")
    If ss. Count = 0 Then ss. Delete:Exit Sub    '选择集里是否有对象
    '对象处理
    For Each cc In ss
        cc. radius = 3
    Next cc
    ss. Delete
End Sub
```

────── 本 章 小 结 ──────

人机交互在 AutoCAD 系统中对于需要人介入的步骤，提供人机交互操作功能，从而适应设计需求，改善软件系统的易操作性。本章通过介绍 AutoCAD 二次开发中的人机交互和选择集内容，从基础出发，利用应用实例让我们系统掌握与 AutoCAD 进行人机交互的基本技能，了解构造对象选择集的实质内容。

习　题

7-1　简述选择集删除的方法，并分析这些方法的不同。

7-2　编写代码创建一个通用选择集函数，并应用于图形对象处理。

7-3　简述 AutoCAD 中常用的内部函数。

7-4　采用交互方式，绘制一个已知圆心和半径的圆，并将圆设置成红色。

7-5　AutoCAD 有哪些选择集过滤规则类型？请列举部分实现代码。

7-6　如何手动添加图形对象到选择集？请列举部分实现代码。

8 扩展数据与操作

扩展数据操作技术使得 AutoCAD 图形与数据完美融合，无须再借助于任何外部文件，因此扩展数据操作技术是二次开发中又一重要内容。

本章主要讲解扩展数据操作技术，包括扩展数据添加、扩展数据读取，以及采用扩展记录对象实现扩展记录数据的添加和读取。

通过本章的学习，应掌握以下内容：

（1）扩展数据添加和读取；

（2）通用扩展数据添加和读取程序；

（3）扩展记录数据添加和读取；

（4）通用扩展记录数据添加和读取程序。

8.1 扩展数据添加与读取

AutoCAD 的所有图形对象和多数非图形对象，都包含添加扩展数据 SetXData 方法和读取扩展数据 GetXData 方法。扩展数据的添加与读取全靠这两个方法完成。

8.1.1 添加、读取扩展数据方法

（1）SetXData 语法：object. SetXData XDataType，XData。无返回值，为对象添加扩展数据。其中：object 为数据库驻留实体和大多数数据库驻留对象。与选择集过滤器相似，XDataType 为一维数组，元素为 DXF 组码表示扩展数据类型的整数，XData 为一维数组，元素为变体型，是与扩展数据类型数组一一对应的扩展数据值。

（2）扩展数据常用组码和说明，具体见表8-1。

表 8-1 扩展数据常用组码和说明

DXF 组码	数据类型说明	DXF 组码	数据类型说明
1000	字符串	1001	扩展数据名称
1004	二进制数据（127 字节以内）	1005	图元句柄
1010	三维点坐标	1040	实数
1070	16 位整数	1071	32 为整数

（3）GetXData 语法：object. GetXData AppName，XDataType，XDataValue。从对象中读取扩展数据。其中：object 可添加扩展数据对象，AppName 为定义的扩展数据名称，XDataType 为一维数组，元素为表示扩展数据类型的整数，XDataValue 为一维数组，元素为变体型，是与扩展数据类型数组一一对应的扩展数据值。

8.1.2   添加、读取扩展数据实例

程序绘制一条直线，并将 10 种类型数据以扩展数据方式添加到直线中，扩展数据名称为" Test_Application "。然后通过扩展数据名称读取扩展数据，并显示其中第一个扩展数据值。

```
Sub Example_SetGetXdata( )
    ' This example creates a line and attaches extended data to that line.

    ' Create the line
    Dim lineObj As AcadLine
    Dim startPt(0 To 2) As Double, endPt(0 To 2) As Double
    startPt(0) = 1#:startPt(1) = 1#:startPt(2) = 0#
    endPt(0) = 5#:endPt(1) = 5#:endPt(2) = 0#
    Set lineObj = ThisDrawing. ModelSpace. AddLine(startPt, endPt)
    ZoomAll

    ' Initialize all the xdata values. Note that first data in the list should be
    ' application name and first datatype code should be 1001
    Dim DataType(0 To 9) As Integer
    Dim Data(0 To 9) As Variant
    Dim reals3(0 To 2) As Double
    Dim worldPos(0 To 2) As Double

    DataType(0) = 1001:Data(0) = "Test_Application "
    DataType(1) = 1000:Data(1) = "This is a test for xdata "

    DataType(2) = 1003:Data(2) = "0 "                          ' layer
    DataType(3) = 1040:Data(3) = 1. 23479137438413E + 40        ' real
    DataType(4) = 1041:Data(4) = 1237324938                     ' distance
    DataType(5) = 1070:Data(5) = 32767                          '16 bit Integer
    DataType(6) = 1071:Data(6) = 32767                          '32 bit Integer
    DataType(7) = 1042:Data(7) = 10                             ' scaleFactor

    reals3(0) = -2. 95:reals3(1) = 100:reals3(2) = -20
    DataType(8) = 1010:Data(8) = reals3                         ' real

    worldPos(0) = 4:worldPos(1) = 400. 999:worldPos(2) = 2. 798989
    DataType(9) = 1011:Data(9) = worldPos    ' world space position

    ' Attach the xdata to the line
    lineObj. SetXData DataType, Data
```

```
    ' Return the xdata for the line
    Dim xdataOut As Variant
    Dim xtypeOut As Variant
    lineObj. GetXData " Test_Application ", xtypeOut, xdataOut
    MsgBox xdataOut(1)
End Sub
```

8.2　建立通用的扩展数据添加与读取过程

8.2.1　通用扩展数据添加子过程

（1）子过程中参数的分析。首先，要包括将要被赋予扩展数据的对象。其次，扩展数据名称是必不可少的参数。最后，才是将要赋予的扩展数据，由于扩展数据数目和内容不确定，因此采用 ParamArray 定义为可变参数。

（2）通用扩展数据添加子过程。

```
Sub put_xdata(ent As Object, xdata_name As String, ParamArray addxdata())
    Dim i As Integer, j As Integer, k As Integer
    i = (UBound(addxdata) - 1) / 2 + 1
    ReDim xdatacode(0 To i) As Integer
    ReDim xdatavalue(0 To i) As Variant
        xdatacode(0) = 1001
        xdatavalue(0) = xdata_name
    k = 0
    For j = 1 To i
        xdatacode(j) = addxdata(k)
        xdatavalue(j) = addxdata(k + 1)
        k = k + 2
    Next j
    ent. SetXData xdatacode, xdatavalue ' 加扩展数据
End Sub
```

8.2.2　通用扩展数据读取函数

（1）函数中参数的分析。首先，要包括读取扩展数据的对象。其次，扩展数据名称是必不可少的参数。最后，考虑到有时仅需获得扩展数据列表中某一个特定值，因此设置一个可选变量表示扩展数据列表的某一项，当有可选参数调用时，函数返回扩展数据列表某一项的特定值。否则函数返回整个扩展数据列表。

（2）通用扩展数据读取函数。

```
Function get_xdata(ent As Object, xdata_name As String, Optional xdata_item) As Variant
    Dim xdataOut As Variant
    Dim xtypeOut As Variant
    ent. GetXData xdata_name, xtypeOut, xdataOut
```

```
        get_xdata = xdataOut
    If Not IsMissing(xdata_item) Then
            get_xdata = xdataOut(xdata_item)
        End If
End Function
```

8.3   扩展记录数据添加与读取

扩展记录对象作为 AutoCAD 的非图形对象，其从属于词典对象。应用扩展记录对象存储和管理任意数据称为扩展记录数据。这在概念上是类似于扩展数据，但不限制数据大小或顺序。只有扩展记录对象才包含添加扩展记录数据 SetXRecordData 方法和读取扩展记录数据 GetXRecordData 方法。扩展记录数据的添加与读取全靠这两个方法完成。

（1）建立扩展记录对象。首先必须建立词典对象，然后再建立扩展记录对象。建立词典对象必须有个词典名称，建立扩展记录对象同样需要扩展记录数据名称。建立词典对象的方法有两种，一种是通过词典集合 add 方法创建词典对象。代码如下：

```
Sub vba10()
    Dim dic As AcadDictionary, xrec As AcadXRecord
    Set dic = thisdrawing. Dictionaries. Add("DicName")
    Set xrec = dic. AddXRecord("keyName")
End Sub
```

另一种是通过对象的 GetExtensionDictionary 方法创建词典对象。其语法是：RetVal = object. GetExtensionDictionary。其中：object 为数据库驻留实体和大多数数据库驻留对象。返回值为与对象关联的词典对象，如果对象还没有扩展字典，则创建一个与对象关联的词典对象。代码如下：

```
Sub vba11()
    Dim dic As AcadDictionary, xrec As AcadXRecord, line As AcadLine
    thisdrawing. Utility. GetEntity line, pt, "选择直线:"
    Set dic = line. GetExtensionDictionary
    Set xrec = dic. AddXRecord("keyName")
End Sub
```

显然，后一种与实体对象关联的扩展记录对象应用更广，后面介绍的通用程序也是基于此类方法。

（2）添加、读取扩展记录数据方法。

1）SetXRecordData 语法：object. SetXRecordData XRecordDataType, XRecordData。无返回值，为对象添加扩展记录数据。其中：object 为 XRecord 扩展记录对象。与扩展记录相似，XRecordDataType 为一维数组，元素为 DXF 组码表示扩展记录数据类型的整数，XRecordData 为一维数组，元素为变体型，是与扩展记录数据类型数组一一对应的扩展记录数据值。

2）扩展记录数据常用组码和说明，具体见表 8-2。

表 8-2　扩展记录数据常用组码和说明

DXF 组码	数据类型说明	DXF 组码	数据类型说明
300～309	字符串	100	子类数据标记
310～319	二进制数据（127 字节以内）	5	图元句柄
10～18	三维点坐标	140～149	实数
270～279	16 位整数	90～99	32 为整数

可以看出，扩展数据 DXF 组码在 1000～1071 之间，扩展记录数据 DXF 组码在 1～369 之间。

3）GetXRecordData 语法：object. GetXRecordData XRecordDataType，XRecordDataValue。从对象中读取扩展记录数据。其参数含义同上。

8.4　建立通用的扩展记录数据添加与读取过程

8.4.1　通用扩展记录数据添加函数

（1）函数所包含的参数分析。首先，要包括将要被赋予扩展记录数据的对象。其次，扩展记录数据名称是必不可少的参数。最后，才是将要赋予的扩展记录数据，由于扩展记录数据数目和内容不确定，因此采用 ParamArray 定义为可变参数。正确赋予对象扩展记录数据，函数返回 True，否则为 False。

（2）函数代码。

```
Public Function EntAddXrecord( ent As AcadObject, Xrecord_name As String, ParamArray addXrecord( ) )
As Boolean
    On Error GoTo pp
    Dim i As Integer, j As Integer, k As Integer
    i = ( UBound( addXrecord)  – 1) / 2
    ReDim xType(0 To i) As Integer
    ReDim xData(0 To i) As Variant
    k = 0
    For j = 0 To i
        xType( j) = addXrecord( k)
        xData( j) = addXrecord( k + 1)
        k = k + 2
    Next j
    Dim EDictionary As AcadDictionary, xrec As AcadXRecord
    Set EDictionary = ent. GetExtensionDictionary
    Set xrec = EDictionary. addXrecord( Xrecord_name )
    xrec. SetXRecordData xType, xData
EntAddXrecord = True
Exit Function
pp:
```

EntAddXrecord = False

End Function

8.4.2　通用扩展记录数据读取函数

（1）函数中参数的分析。首先，要包括读取扩展记录数据的对象。其次，扩展记录数据名称是必不可少的参数。函数返回对象的扩展记录数据。

（2）函数代码。

```
Public Function ent_xrv2(ent As AcadEntity, Xrecord_name As String) As Variant
On Error Resume Next
Dim xdt As Variant
Dim xdv As Variant
Dim xrec As AcadXRecord
Set xrec = ent. GetExtensionDictionary(Xrecord_name)
xrec. GetXRecordData xdt, xdv
ent_xrv2 = xdv
End Function
```

———— **本　章　小　结** ————

本章主要介绍二次开发的扩展数据技术。扩展数据技术可以为 AutoCAD 对象附加 16K 扩展数据，数据随图形文档一起保存。扩展记录对象可用于存储和管理任意数据，此类数据称为扩展记录数据，在概念上与扩展数据类似，但没有尺寸或次序的限制。很好和安全地保存了数据而无须再行初始化，很好地解决了程序开发时共用区的数据传递时需要更新的问题。

习　　题

8-1　编写程序绘制一条圆弧，并将 10 种类型数据以扩展数据方式添加到圆弧中，扩展数据名称为"Exam_Application"。然后通过扩展数据名称读取扩展数据，并显示其中第一个扩展数据值。

8-2　编写程序建立一个通用的扩展数据添加与读取过程。

8-3　如何添加对象到词典，并使用扩充词典存储扩充数据？

8-4　在 AutoCAD 中如何给一个矿井巷道添加扩展属性数据 XData？请给出具体实现代码。

8-5　如何使用 SetXRecordData 语法给一设计图或图形对象添加属性信息？

8-6　AutoCAD 中词典和符号表有什么区别和联系？

9 案例一 矿山巷道断面设计及工程量计算

基于参数驱动图形绘制是 AutoCAD 二次开发中的一项重要内容。本章以采矿专业中常用的巷道断面设计绘图为例，详细讲解 AutoCAD 中基于参数驱动图形绘制的二次开发方法。

通过本章的学习，应掌握以下内容：

（1）了解基于参数驱动图形绘制；

（2）理解巷道断面设计程序分析；

（3）掌握巷道断面设计程序编制。

9.1 参数驱动图形绘制

在工程设计中，有相当数量的设计具有很强的规律可循，图形的绘制主要依赖于图形参数，比如巷道断面设计、平巷交叉点设计等。

基于参数驱动图形绘制与参数化绘图有所不同，采用参数化绘图，完成绘图设计后，绘图设计成果会随着设计参数的改变而变化。若想基于参数驱动实现图形绘制，并获得不同的设计成果，必须重新准备设计参数，重新执行程序完成设计。在 AutoCAD 中能够近似完成参数化绘图的是动态块操作，但动态块设计相对简单受限，还无法实现真正参数化设计效果。

9.2 巷道断面设计程序分析

在编制某项基于参数驱动图形绘制程序前需做好准备工作。首先，对开发项目做详细的分析，包括项目归类、绘图参数、尺寸标注、绘图比例、工程计算、表格输出等。其次，分析绘图所使用的技术手段，包括如何采用最为合理的图元表述设计、如何建立图元以及图元属性设置（图层、线宽、颜色）、如何摆布图纸中设计成果等。最后，分析项目程序设计，包括程序执行过程描述分析、参数设定、绘图计算分析、通用模块提炼编写、程序结构设计等。

9.2.1 项目分析

本项目的目标是根据参数完成巷道断面设计。

（1）项目归类。本项目巷道断面类型分为：圆弧拱、三心拱巷道断面。圆弧拱与三心拱绘制有本质区别。

（2）绘图参数。可选参数包括巷道断面类型、拱高、是否有支护、是否有水沟。另外，断面绘制参数包括：1）净宽；2）墙高；3）支护厚度；4）左边基础深度；5）右边基础深度；6）道砟厚度；7）水沟上宽；8）水沟下宽；9）水沟深度；10）水沟支护厚度；11）水沟盖板厚度。

（3）尺寸标注。水平尺寸标注包括：1）净宽；2）墙支护厚度；3）掘进宽度。垂直尺寸标注包括：1）左边基础深度；2）右边基础深度；3）道砟厚度；4）墙高；5）拱高；6）拱支护厚度；7）掘进高度。其他尺寸标注包括：拱半径。

（4）绘图比例。断面绘图比例一般采用1∶30、1∶40、1∶50等。根据图纸绘制要求，可人为输入其他合适的绘图比例。

（5）工程计算。根据断面尺寸，按照设计手册巷道断面工程量计算公式，计算出巷道断面工程量各项结果。巷道断面工程量主要包括：1）净断面面积；2）掘进断面面积；3）拱支护面积；4）墙支护面积；5）墙基础面积；6）道砟面积；7）水沟掘进面积；8）水沟净面积；9）水沟支护面积。

（6）表格输出。巷道断面设计中除了巷道断面图形绘制外，往往还要求将巷道断面工程量计算结果输出到表格中，巷道断面工程量表按专业表格要求设计。

9.2.2　技术分析

巷道断面可以采用直线加圆弧图元方式组合绘制，也可以采用单一多段线图元方式绘制，相比较后者更为合适。水平、垂直尺寸标注统一采用可转角线性标注，拱半径标注直接采用单行文字图元书写。巷道断面工程量表采用表格图元绘制。

建立巷道断面、尺寸标注、工程量表三个图层，分别放置各自图元。设置点画线线型，巷道中心线采用该线型绘制。

9.2.3　程序分析

（1）程序执行过程描述。执行程序后，弹出绘图参数对话框；绘图参数确定后，在屏幕任选一点，以此点为巷道中心线交点，自动绘制巷道断面和工程量表。

（2）参数设定。所有绘图参数、尺寸标注参数、工程量计算结果都定义为全局变量。巷道断面类型、拱高参数只在列表中选择，可定义为整型变量。绘图比例即可在列表中选择也可人工输入，定义为整型变量。断面绘制参数都可以人工输入，定义成浮点数数组变量。尺寸标注参数为点坐标，定义成变体型数组变量。工程量计算结果定义成浮点数数组变量。

（3）绘图计算。基于初始巷道中心线交点，根据绘图参数、尺寸标注参数计算出所有图形绘制的关键点坐标。根据断面尺寸，按专业计算公式计算出巷道断面工程量结果。

（4）通用模块提炼编写。

1）多段线绘制子程序：不同巷道类型所绘制的断面图形也不相同，断面图形主要是根据有限个关键点完成多段线绘制，因此需要构建由可变关键点参数数据绘制多段线的子过程，为了完成图形尺寸标注需要，该子过程返回尺寸标注所需关键点参数。

2）尺寸标注子程序：断面尺寸标注内容根据断面不同将有所变化，因此需要构建由可变尺寸标注参数数据绘制尺寸标注的子过程。

3）工程量计算子程序：不同巷道断面类型的工程量计算公式也不相同，因此需要构建由绘图参数直接计算工程量的子过程，返回巷道断面工程量计算结果。

（5）程序结构设计。程序按顺序结构分以下 5 个部分：1）参数定义与赋值；2）图形绘制与尺寸标注的关键点计算；3）根据关键点完成图形绘制与尺寸标注；4）工程量计算；5）工程量表格绘制。

9.3 巷道断面设计程序代码编制

程序包括一个窗体（名称为：xddmsj）和一个模块（名称为：断面设计）。

9.3.1 窗体设计

（1）窗体设计。如图 9-1 所示，窗体中包括 3 个 ComboBox 控件，ComboBox1 为断面类型，ComboBox2 为断面拱高，ComboBox3 为绘图比例；包括 2 个 CheckBox 控件，Check-Box1 为支护，CheckBox2 为水沟；包括 11 个 TextBox 控件，TextBox1 为巷道净宽，Text-Box2 为巷道墙高，TextBox3 为支护厚度，TextBox4 为左边墙基础深度，TextBox5 为右边墙基础深度，TextBox6 为道砟厚度，TextBox7 为水沟上宽，TextBox7 为水沟下宽，TextBox9 为水沟深度，TextBox10 为水沟支护厚度，TextBox11 为水沟盖板厚度；包括 3 个重叠 Image 控件，Image1 为圆弧拱图片，Image2 为半圆拱图片，Image3 为三心拱图片；包括 3 个 CommandButton 控件，CommandButton1 为保存按钮，CommandButton2 为绘图按钮，CommandButton3 为退出按钮。

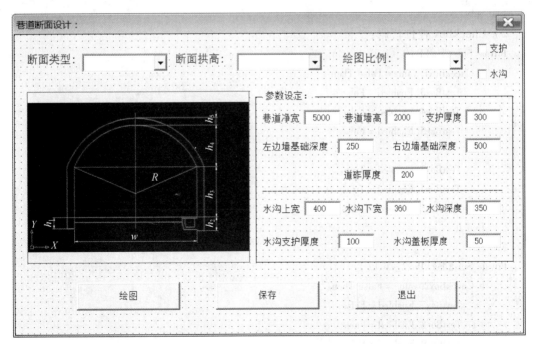

图 9-1 巷道断面设计窗体

（2）窗体代码。

1）窗体初始化代码：

```
Private Sub UserForm_Initialize( )
    Image1. Visible = True
    ComboBox2. Enabled = True

    ComboBox1. AddItem "圆弧拱"
    ComboBox1. AddItem "半圆拱"
    ComboBox1. AddItem "三心拱"
    ComboBox1. ListIndex = 0
    ComboBox1. Style = fmStyleDropDownList
    ComboBox2. AddItem "1/3 "
    ComboBox2. AddItem "1/4 "
    ComboBox2. AddItem "1/5 "
    ComboBox2. ListIndex = 0
    ComboBox2. Style = fmStyleDropDownList

    ComboBox3. AddItem "40 "
    ComboBox3. AddItem "50 "
    ComboBox3. ListIndex = 0

    CheckBox1. value = True
    CheckBox2. value = True
End Sub
```

2）CheckBox 控件代码：

```
Private Sub CheckBox1_Click( )
    If CheckBox1. value = False Then
        TextBox3. Enabled = False
        TextBox4. Enabled = False
        TextBox5. Enabled = False
    Else
        TextBox3. Enabled = True
        TextBox4. Enabled = True
        TextBox5. Enabled = True
    End If
End Sub
Private Sub CheckBox2_Click( )
    If CheckBox2. value = False Then
        TextBox7. Enabled = False
        TextBox8. Enabled = False
        TextBox9. Enabled = False
        TextBox10. Enabled = False
```

```
            TextBox11. Enabled = False
        Else
            TextBox7. Enabled = True
            TextBox8. Enabled = True
            TextBox9. Enabled = True
            TextBox10. Enabled = True
            TextBox11. Enabled = True
        End If
    End Sub
```

3）ComboBox 控件代码：

```
Private Sub ComboBox1_Change( )
        Image1. Visible = False
        Image2. Visible = False
        Image3. Visible = False
        Image4. Visible = False
        ComboBox2. Enabled = False
If ComboBox1. value = " 圆弧拱 " Then
        Image1. Visible = True
        ComboBox2. Enabled = True
        xdlx = 1
ElseIf ComboBox1. value = " 半圆拱 " Then
        Image2. Visible = True
        ComboBox2. Enabled = False
        xdlx = 2
ElseIf ComboBox1. value = " 三心拱 " Then
        Image3. Visible = True
        ComboBox2. Enabled = True
        xdlx = 3
End If
End Sub
Private Sub ComboBox2_Change( )
If ComboBox2. value = " 1/3 " Then
        gglx = 1
ElseIf ComboBox2. value = " 1/4 " Then
        gglx = 2
ElseIf ComboBox2. value = " 1/5 " Then
        gglx = 3
End If
End Sub
```

4）CommandButton 控件代码：

```
Private Sub CommandButton1_Click( )
        ' 变量赋值
        htbl = ComboBox3. value
```

```
        zh = CheckBox1. value
        sg = CheckBox2. value
        xd_cs(1) = TextBox1. value:xd_cs(2) = TextBox2. value
        xd_cs(3) = TextBox3. value:xd_cs(4) = TextBox4. value
        xd_cs(5) = TextBox5. value:xd_cs(6) = TextBox6. value
        xd_cs(7) = TextBox7. value:xd_cs(8) = TextBox8. value
        xd_cs(9) = TextBox9. value:xd_cs(10) = TextBox10. value
        xd_cs(11) = TextBox11. value
        If zh = False Then
            xd_cs(3) = 0
            xd_cs(4) = 0
            xd_cs(5) = 0
        End If
        '数据存盘
        Open "d:\dmsj. txt " For Output As #1
            Write #1, xdlx, gglx, htbl, zh, sg
            For i = 1 To 10
                Write #1, xd_cs(i),
            Next i
            Write #1, xd_cs(11)
        Close #1
End Sub


Private Sub CommandButton2_Click( )
        '变量赋值
        htbl = ComboBox3. value
        zh = CheckBox1. value
        sg = CheckBox2. value
        xd_cs(1) = TextBox1. value:xd_cs(2) = TextBox2. value
        xd_cs(3) = TextBox3. value:xd_cs(4) = TextBox4. value
        xd_cs(5) = TextBox5. value:xd_cs(6) = TextBox6. value
        xd_cs(7) = TextBox7. value:xd_cs(8) = TextBox8. value
        xd_cs(9) = TextBox9. value:xd_cs(10) = TextBox10. value
        xd_cs(11) = TextBox11. value
        If zh = False Then
            xd_cs(3) = 0
            xd_cs(4) = 0
            xd_cs(5) = 0
        End If

        cgorsb = True
        Unload Me
End Sub
```

```
Private Sub CommandButton3_Click( )
cgorsb = False
Unload Me
End Sub
```

9.3.2 模块设计

（1）声明变量。

```
Public Const pi = 3. 14159265358979
Public cgorsb As Boolean          '成功或失败


Public xdlx As Integer            '巷道类型 1 = 圆弧拱 3 = 三心拱
Public gglx As Integer            '1 = 1/3 2 = 1/4 3 = 1/5
Public htbl As Double             '绘图比例
Public zh As Boolean              '支护
Public sg As Boolean              '水沟


Public xd_cs(11) As Double        '参数
Public jg(9) As Double            '结果
Public jg_str(9) As String        '结果


Public qsd As Variant             '起始点
Public cs(11) As Double           '按绘图比例缩放后的参数
'拱参数:拱高、大弧半径、小弧半径、小弧圆心角、大弧圆心角一半
Public f0 As Double, DR As Double, Xr As Double, Ja As Double, JB As Double


'多段线绘图参数
Public xd_nx( ) As Variant, xd_nx_td( ) As Double     '巷道内线拐点和凸度
Public xd_wx( ) As Variant, xd_wx_td( ) As Double     '巷道外线拐点和凸度
Public xd_yx0, xd_yx1, xd_yx2 As Variant               '拱圆心
Public xd_dz( ) As Variant, dz As Boolean              '巷道道砟拐点,道砟标志
Public xd_sg_gb( ) As Variant                          '巷道水沟盖板拐点
Public xd_sg_zh( ) As Variant                          '巷道水沟支护拐点


'尺寸标注关键点定义
Public sp_bz( ) As Variant        '水平标注关键点
Public cz_bz( ) As Variant        '垂直标注关键点
```

（2）主程序代码。

```
Sub xddmsj_sub( )
'加载线型
    On Error Resume Next
    thisdrawing. Linetypes. Load "ACAD_ISO04W100", "acadiso. lin"    '点画线
    thisdrawing. Linetypes. Load "ACAD_ISO03W100", "acadiso. lin"    '虚线
```

Err. Clear

```
'参数赋值
xddmsj. Show 1
If cgorsb = False Then Exit Sub
For i = 1 To 11
        cs(i) = xd_cs(i) / htbl
Next i
If cs(6) = 0 Then dz = False Else dz = True
qsd = thisdrawing. Utility. GetPoint( , "插入点")


'绘图
gcs_fz xdlx, gglx                '获得拱参数
hz_xd_nx thisdrawing, qsd        '绘制巷道内线
hz_xd_wx thisdrawing, qsd        '绘制巷道内线
hz_xd_dz thisdrawing, qsd        '绘制巷道道砟
hz_xd_sg thisdrawing, qsd        '绘制巷道水沟


'标注
n = 0
ReDim sp_bz(n), cz_bz(n)
get_bz_pts thisdrawing, qsd      '获得标注关键点
hz_bz thisdrawing                '绘制标注


'工程量计算,表格输出
gcl_js                           '获得计算结果 jg_str( )
crd = thisdrawing. Utility. PolarPoint( qsd, -pi / 2, xd_cs(2) / htbl + 50)
crd = thisdrawing. Utility. PolarPoint( crd, pi, (0.5 * xd_cs(1) + cs(3)) / htbl)
tbtb thisdrawing, crd, jg_str    '绘制工程量表
End Sub
```

(3) gcs_fz 子程序代码。

```
'拱参数赋值
Public Sub gcs_fz( xdlx As Integer, gglx As Integer)
    If xdlx = 1 Then    '圆弧拱计算
        If gglx = 1 Then
            f0 = 0.333 * cs(1)
            DR = 0.542 * cs(1)
            JB = 67.38   '角度
        ElseIf gglx = 2 Then
            f0 = 0.25 * cs(1)
            DR = 0.625 * cs(1)
            JB = 53.13   '角度
        ElseIf gglx = 3 Then
```

```
            f0 = 0.2 * cs(1)
            DR = 0.725 * cs(1)
            JB = 43.603   '角度
        End If
    ElseIf xdlx = 2 Then   '半圆拱计算
            f0 = 0.5 * cs(1)
            DR = 0.5 * cs(1)
            JB = 90   '角度
    ElseIf xdlx = 3 Then   '三心拱计算
        If gglx = 1 Then
            f0 = 0.333 * cs(1)
            DR = 0.692 * cs(1)
            Xr = 0.261 * cs(1)
            Ja = 56.31   '角度
            JB = 33.69   '角度
        ElseIf gglx = 2 Then
            f0 = 0.25 * cs(1)
            DR = 0.904 * cs(1)
            Xr = 0.173 * cs(1)
            Ja = 63.435   '角度
            JB = 26.565   '角度
        ElseIf gglx = 3 Then
            f0 = 0.2 * cs(1)
            DR = 1.129 * cs(1)
            Xr = 0.128 * cs(1)
            Ja = 68.199   '角度
            JB = 21.718   '角度
        End If
    End If
End Sub
```

（4）hz_xd_nx 子程序代码。

```
    '绘制巷道内线
Public Sub hz_xd_nx(thisdrawing As AcadDocument, pt As Variant)
    '求图形绘制拐点和凸度
    '起点为图形左下角,按顺时针排列
    Dim nx As AcadLWPolyline, lin As AcadLine, pt1 As Variant, pt2 As Variant, txt As AcadText
    Dim tempt As Variant
    If xdlx = 1 Then   '圆弧拱计算
        ReDim xd_nx(4) As Variant, xd_nx_td(4) As Double
        tempt = thisdrawing. Utility. PolarPoint(pt, pi / 2, f0)
        xd_yx0 = thisdrawing. Utility. PolarPoint(tempt, -pi / 2, DR)'圆心
        If dz = True And sg = True Then
            tempt = thisdrawing. Utility. PolarPoint(pt, -pi / 2, cs(2) - cs(6))
```

```
                Else
                    tempt = thisdrawing. Utility. PolarPoint( pt, -pi ∕ 2, cs( 2) )
                End If
                xd_nx( 0) = thisdrawing. Utility. PolarPoint( tempt, pi, 0. 5 * cs( 1) )
                xd_nx( 1) = thisdrawing. Utility. PolarPoint( pt, pi, 0. 5 * cs( 1) )
                xd_nx( 2) = thisdrawing. Utility. PolarPoint( xd_nx( 1) , 0, cs( 1) )
                xd_nx( 3) = thisdrawing. Utility. PolarPoint( xd_nx( 0) , 0, cs( 1) )
                xd_nx( 4) = xd_nx( 0)
                xd_nx_td( 1) = -qtd( xd_yx0, xd_nx( 1) , xd_nx( 2) )
        Set nx = draw_ddx( thisdrawing, xd_nx, xd_nx_td)
                nx. ConstantWidth = 0. 5
                Set lin = thisdrawing. ModelSpace. AddLine( xd_yx0, xd_nx( 1) )
                lin. color = acCyan
                Set lin = thisdrawing. ModelSpace. AddLine( xd_yx0, xd_nx( 2) )
                lin. color = acCyan
                Set txt = thisdrawing. ModelSpace. AddText( "R = "& CInt( DR * htbl ∕ 10) * 10, mid_pt( xd_
        yx0, xd_nx( 2) ) , 2. 5)
                txt. Alignment = acAlignmentCenter
                txt. TextAlignmentPoint = mid_pt( xd_yx0, xd_nx( 2) )
                txt. Rotation = thisdrawing. Utility. AngleFromXAxis( xd_yx0, xd_nx( 2) )
                Set lin = thisdrawing. ModelSpace. AddLine( xd_nx( 1) , xd_nx( 2) )
                lin. Linetype = " ACAD_ISO04W100 ";lin. color = acBlue
                pt1 = pt:pt1( 1) = pt1( 1) + f0
                pt2 = pt:pt2( 1) = pt2( 1) - cs( 2)
                Set lin = thisdrawing. ModelSpace. AddLine( pt1, pt2)
                lin. Linetype = " ACAD_ISO04W100 ";lin. color = acBlue
        ElseIf xdlx = 2 Then    '半圆拱计算
        '可由学生完成
        ElseIf xdlx = 3 Then    '三心拱计算
        '可由学生完成
        End If
End Sub
```

（5）hz_xd_wx 子程序代码。

```
        '绘制巷道外线
Public Sub hz_xd_wx( thisdrawing As AcadDocument, pt As Variant)
        If zh = False Then Exit Sub '无支护退出
        '求图形绘制拐点和凸度
        '起点为图形左下角,按顺时针排列
        Dim wx As AcadLWPolyline
        Dim tempt As Variant

        If sg = False Then    '无水沟
            ReDim xd_wx( 10) As Variant, xd_wx_td( 10) As Double
```

```
If xdlx = 1 Then ' 圆弧拱计算
    tempt = thisdrawing. Utility. PolarPoint( pt, -pi / 2, cs(2))
    xd_wx(8) = thisdrawing. Utility. PolarPoint( tempt, pi, 0. 5 * cs(1))
    xd_wx(9) = thisdrawing. Utility. PolarPoint( xd_wx(8), -pi / 2, cs(4))
    xd_wx(10) = thisdrawing. Utility. PolarPoint( xd_wx(9), pi, cs(3))
    xd_wx(0) = xd_wx(10)
    xd_wx(1) = thisdrawing. Utility. PolarPoint( xd_wx(0), pi / 2, cs(2) + cs(4))
    xd_wx(2) = thisdrawing. Utility. PolarPoint( xd_yx0, pi * (90 + JB) / 180, DR + cs(3))
    xd_wx(3) = thisdrawing. Utility. PolarPoint( xd_yx0, pi * (90 - JB) / 180, DR + cs(3))
    xd_wx(4) = thisdrawing. Utility. PolarPoint( xd_wx(1), 0, cs(1) + 2 * cs(3))
    xd_wx(5) = thisdrawing. Utility. PolarPoint( xd_wx(4), -pi / 2, cs(2) + cs(5))
    xd_wx(6) = thisdrawing. Utility. PolarPoint( xd_wx(5), pi, cs(3))
    xd_wx(7) = thisdrawing. Utility. PolarPoint( xd_wx(6), pi / 2, cs(5))
    xd_wx_td(2) = -qtd( xd_yx0, xd_wx(2), xd_wx(3))
    Set wx = draw_ddx( thisdrawing, xd_wx, xd_wx_td)
    wx. ConstantWidth = 0. 5
ElseIf xdlx = 2 Then ' 半圆拱计算
' 可由学生完成
ElseIf xdlx = 3 Then ' 三心拱计算
' 可由学生完成
End If
Else           ' 有水沟
ReDim xd_wx(13) As Variant, xd_wx_td(13) As Double
Dim sg_jd As Double, ray1 As AcadRay, ray2 As AcadRay
sg_jd = Atn( cs(9) / (cs(7) - cs(8)))
If xdlx = 1 Then ' 圆弧拱计算
    tempt = thisdrawing. Utility. PolarPoint( pt, -pi / 2, cs(2))
    xd_wx(11) = thisdrawing. Utility. PolarPoint( tempt, pi, 0. 5 * cs(1))
    xd_wx(12) = thisdrawing. Utility. PolarPoint( xd_wx(11), -pi / 2, cs(4))
    xd_wx(13) = thisdrawing. Utility. PolarPoint( xd_wx(12), pi, cs(3))
    xd_wx(0) = xd_wx(13)
    xd_wx(1) = thisdrawing. Utility. PolarPoint( xd_wx(0), pi / 2, cs(2) + cs(4))
    xd_wx(2) = thisdrawing. Utility. PolarPoint( xd_yx0, pi * (90 + JB) / 180, DR + cs(3))
    xd_wx(3) = thisdrawing. Utility. PolarPoint( xd_yx0, pi * (90 - JB) / 180, DR + cs(3))
    xd_wx(4) = thisdrawing. Utility. PolarPoint( xd_wx(1), 0, cs(1) + 2 * cs(3))
    xd_wx(5) = thisdrawing. Utility. PolarPoint( xd_wx(4), -pi / 2, cs(2) + cs(5))
    xd_wx(6) = thisdrawing. Utility. PolarPoint( xd_wx(5), pi, cs(3))
    xd_wx(10) = thisdrawing. Utility. PolarPoint( xd_wx(11),0,cs(1) - cs(7) - 2 * cs(10))
    If dz = False Then
        xd_wx(7) = thisdrawing. Utility. PolarPoint( xd_wx(6), pi / 2, cs(5) - cs(9) - cs(10) - cs(11))
        xd_wx(9) = thisdrawing. Utility. PolarPoint( xd_wx(10), -pi / 2, cs(11))
```

```
            Else
                xd_wx(7) = thisdrawing. Utility. PolarPoint( xd_wx(6) ,pi/2 ,cs(5) − cs(9) − cs(10) )
                xd_wx(9) = xd_wx(10)
            End If
            Set ray1 = thisdrawing. ModelSpace. AddRay( xd_wx(9) , thisdrawing. Utility. PolarPoint( xd_
    wx(9) , -sg_jd, 10) )
            Set ray2 = thisdrawing. ModelSpace. AddRay( xd_wx(7) , thisdrawing. Utility. PolarPoint( xd_
    wx(7) , pi, 10) )
            xd_wx(8) = ray1. IntersectWith( ray2, acExtendBoth)
            ray1. Delete：ray2. Delete
            xd_wx_td(2) = -qtd( xd_yx0, xd_wx(2) , xd_wx(3) )
            Set wx = draw_ddx( thisdrawing, xd_wx, xd_wx_td)
                wx. ConstantWidth = 0. 5
        ElseIf xdlx = 2 Then ' 半圆拱计算
        ' 可由学生完成
        ElseIf xdlx = 3 Then ' 三心拱计算
        ' 可由学生完成
        End If
    End If
End Sub
```

（6） hz_xd_dz 子程序代码。

```
' 绘制巷道道砟
Public Sub hz_xd_dz( thisdrawing As AcadDocument, pt As Variant)
    If dz = False Then Exit Sub ' 无道砟退出
    ' 求图形绘制拐点
    ' 起点为图形左下角,按顺时针排列
    Dim dzx As AcadLWPolyline
    Dim tempt As Variant
    ReDim xd_dz(4) As Variant

    tempt = thisdrawing. Utility. PolarPoint( pt, -pi / 2, cs(2) )
    xd_dz(0) = thisdrawing. Utility. PolarPoint( tempt, pi, 0. 5 ∗ cs(1) )
    xd_dz(1) = thisdrawing. Utility. PolarPoint( xd_dz(0) , pi / 2, cs(6) )
    If sg = False Then
        xd_dz(2) = thisdrawing. Utility. PolarPoint( xd_dz(1) , 0, cs(1) )
    Else
        xd_dz(2) = thisdrawing. Utility. PolarPoint( xd_dz(1) , 0, cs(1) − cs(7) − 2 ∗ cs(10) )
    End If
    xd_dz(3) = thisdrawing. Utility. PolarPoint( xd_dz(2) , -pi / 2, cs(6) )
    xd_dz(4) = xd_dz(0)
    Set dzx = draw_ddx( thisdrawing, xd_dz) :dzx. ConstantWidth = 0. 5
End Sub
```

（7）hz_xd_sg 子程序代码。

```
'绘制巷道水沟
Public Sub hz_xd_sg(thisdrawing As AcadDocument, pt As Variant)
    If sg = False Then Exit Sub '无水沟退出
    '求图形绘制拐点
    '起点为图形左下角,按顺时针排列
    Dim gbx As AcadLWPolyline, zhx As AcadLWPolyline
    Dim tempt As Variant
    ReDim xd_sg_gb(4) As Variant, xd_sg_zh(10) As Variant
    '盖板
    If dz = False Then '无道砟
        tempt = thisdrawing. Utility. PolarPoint(pt, -pi / 2, cs(2) + cs(11))
    Else
        tempt = thisdrawing. Utility. PolarPoint(pt, -pi / 2, cs(2) - cs(6) + cs(11))
    End If
    xd_sg_gb(0) = thisdrawing. Utility. PolarPoint(tempt, 0, 0.5 * cs(1) - cs(7) - 2 * cs(10))
    xd_sg_gb(1) = thisdrawing. Utility. PolarPoint(xd_sg_gb(0), pi / 2, cs(11))
    xd_sg_gb(2) = thisdrawing. Utility. PolarPoint(xd_sg_gb(1), 0, cs(7) + 2 * cs(10))
    xd_sg_gb(3) = thisdrawing. Utility. PolarPoint(xd_sg_gb(2), -pi / 2, cs(11))
    xd_sg_gb(4) = xd_sg_gb(0)
    Set gbx = draw_ddx(thisdrawing, xd_sg_gb):gbx. ConstantWidth = 0.5


    '支护
    Dim sg_jd As Double, ray1 As AcadRay, ray2 As AcadRay
    sg_jd = Atn(cs(9) / (cs(7) - cs(8)))
    tempt = xd_sg_gb(0)
    If dz = False Then '无道砟
        xd_sg_zh(1) = tempt
        xd_sg_zh(2) = tempt
        xd_sg_zh(3) = thisdrawing. Utility. PolarPoint(xd_sg_zh(2), 0, cs(10))
        xd_sg_zh(4) = xd_sg_zh(3)
        xd_sg_zh(7) = thisdrawing. Utility. PolarPoint(xd_sg_zh(3), 0, cs(7))
        xd_sg_zh(8) = thisdrawing. Utility. PolarPoint(xd_sg_zh(7), 0, cs(10))
        xd_sg_zh(9) = thisdrawing. Utility. PolarPoint(xd_sg_zh(8), -pi / 2, cs(9) + cs(10))
        xd_sg_zh(6) = thisdrawing. Utility. PolarPoint(xd_sg_zh(7), -pi / 2, cs(9))
        xd_sg_zh(5) = thisdrawing. Utility. PolarPoint(xd_sg_zh(6), pi, cs(8))
    Else
        xd_sg_zh(1) = thisdrawing. Utility. PolarPoint(tempt, -pi / 2, cs(6) - cs(11))
        xd_sg_zh(2) = tempt
        xd_sg_zh(3) = thisdrawing. Utility. PolarPoint(xd_sg_zh(2), 0, cs(10))
        xd_sg_zh(4) = thisdrawing. Utility. PolarPoint(xd_sg_zh(3), -pi / 2, cs(6) - cs(11))
        xd_sg_zh(7) = thisdrawing. Utility. PolarPoint(xd_sg_zh(3), 0, cs(7))
        xd_sg_zh(8) = thisdrawing. Utility. PolarPoint(xd_sg_zh(7), 0, cs(10))
```

$xd\_sg\_zh(9) = thisdrawing. Utility. PolarPoint(xd\_sg\_zh(8)$, -pi / 2, $cs(6) - cs(11) + cs(9) + cs(10))$

$xd\_sg\_zh(6) = thisdrawing. Utility. PolarPoint(xd\_sg\_zh(7)$, -pi/2, $cs(6) - cs(11) + cs(9))$

$xd\_sg\_zh(5) = thisdrawing. Utility. PolarPoint(xd\_sg\_zh(6)$, pi, $cs(8))$

End If

Set ray1 = thisdrawing. ModelSpace. AddRay($xd\_sg\_zh(1)$, thisdrawing. Utility. PolarPoint($xd\_sg\_zh(1)$, -sg_jd, 10))

Set ray2 = thisdrawing. ModelSpace. AddRay($xd\_sg\_zh(9)$, thisdrawing. Utility. PolarPoint($xd\_sg\_zh(9)$, pi, 10))

$xd\_sg\_zh(0) = ray1. IntersectWith(ray2$, acExtendBoth)

ray1. Delete：ray2. Delete

$xd\_sg\_zh(10) = xd\_sg\_zh(0)$

Set zhx = draw_ddx(thisdrawing, xd_sg_zh)：zhx. ConstantWidth = 0. 5

End Sub

（8）draw_ddx 函数代码。

'根据多段线拐点及凸度数据绘制多段线

Function draw_ddx(thisdrawing As AcadDocument, ddx_gjd() As Variant, Optional ddx_td) As AcadLW-Polyline

Dim n As Long

n = UBound(ddx_gjd)

ReDim cor(2 * n + 1) As Double

For i = 0 To n

cor(2 * i) = ddx_gjd(i)(0)

cor(2 * i + 1) = ddx_gjd(i)(1)

Next

Set draw_ddx = thisdrawing. ModelSpace. AddLightWeightPolyline(cor)

If Not IsMissing(ddx_td) Then

For i = 0 To n

draw_ddx. SetBulge i, ddx_td(i)

Next

End If

End Function

（9）相关 3 个辅助函数代码。

'求 2 点 2 维距离

Public Function distance2d(sp As Variant, ep As Variant) As Double

Dim x As Double

Dim y As Double

$x = sp(0) - ep(0)$

$y = sp(1) - ep(1)$

distance2d = Sqr($(x ^ 2) + (y ^ 2)$)

End Function

'求 2 点的中点坐标

```
Public Function mid_pt(pt1 As Variant, pt2 As Variant) As Variant
    Dim pt(2) As Double
    pt(0) = (pt1(0) + pt2(0)) / 2
    pt(1) = (pt1(1) + pt2(1)) / 2
    pt(2) = (pt1(2) + pt2(2)) / 2
    mid_pt = pt
End Function
    '已知圆心、半径、弧的 2 点,求凸度
Public Function qtd(yx As Variant, pt1 As Variant, pt2 As Variant) As Double
    Dim pt As Variant, bj As Double, xc As Double, gg As Double
    pt = mid_pt(pt1, pt2)
    bj = distance2d(yx, pt2)
    xc = distance2d(pt1, pt2)
    gg = bj - distance2d(yx, pt)
    qtd = gg / (0.5 * xc)
End Function
```

（10） get_bz_pts 子过程代码。

```
    '获取标注关键点
Public Sub get_bz_pts(thisdrawing As AcadDocument, pt As Variant)
    '无支护情况
    If zh = False Then
        '水平标注位置
        n = 1
        ReDim sp_bz_wz(n) As Variant
        If sg = False Then
sp_bz_wz(1) = thisdrawing. Utility. PolarPoint(pt, -pi / 2, cs(2) + 10)
        Else
sp_bz_wz(1) = thisdrawing. Utility. PolarPoint(pt, -pi / 2, cs(2) + cs(9) + 10)
        End If
        '垂直标注位置
        n = 2
        ReDim cz_bz_wz(n) As Variant
        cz_bz_wz(1) = thisdrawing. Utility. PolarPoint(pt, 0, 0.5 * cs(1) + 10)
        cz_bz_wz(2) = thisdrawing. Utility. PolarPoint(pt, 0, 0.5 * cs(1) + 20)

        If dz = True Then
            n = n + 1
            ReDim Preserve cz_bz_wz(n)
        cz_bz_wz(n) = thisdrawing. Utility. PolarPoint(pt, pi, 0.5 * cs(1) + 10)
        End If
        '标注关键点    顺时针
        n = 5
        ReDim bz_gjd(n) As Variant
```

```
tempt = thisdrawing. Utility. PolarPoint(pt, -pi / 2, cs(2))
bz_gjd(1) = thisdrawing. Utility. PolarPoint(tempt, pi, 0.5 * cs(1))
bz_gjd(2) = thisdrawing. Utility. PolarPoint(bz_gjd(1), pi / 2, cs(6))
bz_gjd(3) = thisdrawing. Utility. PolarPoint(pt, pi / 2, f0)
bz_gjd(4) = thisdrawing. Utility. PolarPoint(pt, 0, 0.5 * cs(1))
bz_gjd(5) = thisdrawing. Utility. PolarPoint(bz_gjd(1), 0, cs(1))


'组合
n = 1 : m = 3
ReDim sp_bz(3, n), cz_bz(3, m)
'水平1个标注
sp_bz(1, 1) = bz_gjd(1):sp_bz(2, 1) = bz_gjd(5):sp_bz(3, 1) = sp_bz_wz(1)


'垂直3个标注
cz_bz(1, 1) = bz_gjd(5):cz_bz(2, 1) = bz_gjd(4):cz_bz(3, 1) = cz_bz_wz(1)
cz_bz(1, 2) = bz_gjd(4):cz_bz(2, 2) = bz_gjd(3):cz_bz(3, 2) = cz_bz_wz(1)
cz_bz(1, 3) = bz_gjd(5):cz_bz(2, 3) = bz_gjd(3):cz_bz(3, 3) = cz_bz_wz(2)
    '道砟标注
    If dz = True Then
        m = m + 1
        ReDim Preserve cz_bz(3, m)
cz_bz(1, m) = bz_gjd(1):cz_bz(2, m) = bz_gjd(2):cz_bz(3, m) = cz_bz_wz(3)
    End If
Else '有支护
    '水平标注位置
    n = 2
    ReDim sp_bz_wz(n) As Variant
    If sg = False Then
sp_bz_wz(1) = thisdrawing. Utility. PolarPoint(xd_wx(0), -pi / 2, 10)
    Else
sp_bz_wz(1) = thisdrawing. Utility. PolarPoint(xd_wx(0), -pi / 2, cs(5) - cs(4) + 10)
    End If
    sp_bz_wz(2) = thisdrawing. Utility. PolarPoint(sp_bz_wz(1), -pi / 2, 10)
    '垂直标注位置
    n = 2
    ReDim cz_bz_wz(n) As Variant
    cz_bz_wz(1) = thisdrawing. Utility. PolarPoint(pt, 0, 0.5 * cs(1) + cs(3) + 10)
    cz_bz_wz(2) = thisdrawing. Utility. PolarPoint(cz_bz_wz(1), 0, 10)
    If dz = True Then
        n = n + 1
        ReDim Preserve cz_bz_wz(n) As Variant
        cz_bz_wz(n) = thisdrawing. Utility. PolarPoint(xd_wx(0), pi, 10)
    End If
```

```
'标注关键点　顺时针
n = 10
ReDim bz_gjd(n) As Variant
tempt = thisdrawing. Utility. PolarPoint(pt, -pi / 2, cs(2) + cs(4))
bz_gjd(1) = thisdrawing. Utility. PolarPoint(tempt, pi, 0.5 * cs(1) + cs(3))
tempt = thisdrawing. Utility. PolarPoint(bz_gjd(1), pi / 2, cs(4))
bz_gjd(2) = thisdrawing. Utility. PolarPoint(tempt, 0, cs(3))
bz_gjd(3) = thisdrawing. Utility. PolarPoint(bz_gjd(2), pi / 2, cs(6))
bz_gjd(4) = thisdrawing. Utility. PolarPoint(pt, pi / 2, f0 + cs(3))
bz_gjd(5) = thisdrawing. Utility. PolarPoint(pt, pi / 2, f0)
bz_gjd(6) = thisdrawing. Utility. PolarPoint(pt, 0, 0.5 * cs(1))
bz_gjd(7) = thisdrawing. Utility. PolarPoint(bz_gjd(6), -pi / 2, cs(2))
tempt = thisdrawing. Utility. PolarPoint(bz_gjd(7), 0, cs(3))
bz_gjd(8) = thisdrawing. Utility. PolarPoint(tempt, -pi / 2, cs(5))
bz_gjd(9) = thisdrawing. Utility. PolarPoint(bz_gjd(8), pi, cs(3))
bz_gjd(10) = thisdrawing. Utility. PolarPoint(bz_gjd(1), 0, cs(3))
'组合
n = 4:m = 4
ReDim sp_bz(3, n), cz_bz(3, m)
'水平4个标注
sp_bz(1, 1) = bz_gjd(1):sp_bz(2, 1) = bz_gjd(10):sp_bz(3, 1) = sp_bz_wz(1)
sp_bz(1, 2) = bz_gjd(10):sp_bz(2, 2) = bz_gjd(9):sp_bz(3, 2) = sp_bz_wz(1)
sp_bz(1, 3) = bz_gjd(9):sp_bz(2, 3) = bz_gjd(8):sp_bz(3, 3) = sp_bz_wz(1)
sp_bz(1, 4) = bz_gjd(1):sp_bz(2, 4) = bz_gjd(8):sp_bz(3, 4) = sp_bz_wz(2)


'垂直4个标注
cz_bz(1, 1) = bz_gjd(5):cz_bz(2, 1) = bz_gjd(4):cz_bz(3, 1) = cz_bz_wz(1)
cz_bz(1, 2) = bz_gjd(5):cz_bz(2, 2) = bz_gjd(6):cz_bz(3, 2) = cz_bz_wz(1)
cz_bz(1, 3) = bz_gjd(6):cz_bz(2, 3) = bz_gjd(7):cz_bz(3, 3) = cz_bz_wz(1)
cz_bz(1, 4) = bz_gjd(4):cz_bz(2, 4) = bz_gjd(7):cz_bz(3, 4) = cz_bz_wz(2)
'道砟标注
If dz = True Then
    m = m + 1
    ReDim Preserve cz_bz(3, m)
cz_bz(1, m) = bz_gjd(2):cz_bz(2, m) = bz_gjd(3):cz_bz(3, m) = cz_bz_wz(3)
End If
'左基础标注
If cs(4) > 0 Then
    m = m + 1
    ReDim Preserve cz_bz(3, m)
cz_bz(1, m) = bz_gjd(2):cz_bz(2, m) = bz_gjd(1):cz_bz(3, m) = cz_bz_wz(3)
End If
'右基础标注
```

```
        If cs(5) > 0 Then
            m = m + 1
            ReDim Preserve cz_bz(3, m)
cz_bz(1, m) = bz_gjd(7):cz_bz(2, m) = bz_gjd(8):cz_bz(3, m) = cz_bz_wz(1)
        End If
    End If
End Sub
```

（11）hz_bz 子过程代码。

```
'绘制标注
Public Sub hz_bz(thisdrawing As AcadDocument)
    Dim ccbz As AcadDimRotated
    n = UBound(sp_bz, 2)'水平标注数目
    m = UBound(cz_bz, 2)'垂直标注数目
    '完成水平标注
    For i = 1 To n
        Set ccbz = thisdrawing.ModelSpace.AddDimRotated(sp_bz(1, i), sp_bz(2, i), sp_bz(3, i), 0)
        ccbz.TextOverride = CLng(ccbz.Measurement * htbl)
    Next
    '完成垂直标注
    For i = 1 To m
        Set ccbz = thisdrawing.ModelSpace.AddDimRotated(cz_bz(1, i), cz_bz(2, i), cz_bz(3, i),
pi / 2)
        If i = 2 Or i = 4 Then
            ccbz.TextOverride = CLng(ccbz.Measurement * htbl / 10) * 10
        Else
            ccbz.TextOverride = CLng(ccbz.Measurement * htbl)
        End If
    Next
End Sub
```

（12）gcl_js 子过程代码。

```
'各种巷道工程量计算结果
Private Sub gcl_js()
    '单位转换为米
    For i = 1 To 11
        cs(i) = xd_cs(i) / 1000
    Next i
    '计算按采矿设计手册公式
    '计算净、拱
    If xdlx = 1 Then
        If gglx = 1 Then
            jg(1) = cs(1) * (0.241 * cs(1) + (cs(2) - cs(6)))  '净
            jg(3) = cs(3) * (1.13 * cs(1) + 1.3 * cs(3))  '拱
        ElseIf gglx = 2 Then
```

```
            jg(1) = cs(1) * (0.175 * cs(1) + (cs(2) - cs(6)))  '净
            jg(3) = cs(3) * (0.95 * cs(1) + 1.2 * cs(3))  '拱
        ElseIf gglx = 2 Then
            jg(1) = cs(1) * (0.138 * cs(1) + (cs(2) - cs(6)))  '净
            jg(3) = cs(3) * (0.85 * cs(1) + 1.15 * cs(3))  '拱
        End If
    ElseIf xdlx = 2 Then
        jg(1) = cs(1) * (0.393 * cs(1) + (cs(2) - cs(6)))  '净
        jg(3) = cs(10) * (cs(1) + cs(10)) * 0.5 * pi  '拱
    ElseIf xdlx = 3 Then
        If gglx = 1 Then
            jg(1) = cs(1) * (0.263 * cs(1) + (cs(2) - cs(6)))  '净
            jg(3) = cs(3) * (1.33 * cs(1) + 1.57 * cs(3))  '拱
        ElseIf gglx = 2 Then
            jg(1) = cs(1) * (0.198 * cs(1) + (cs(2) - cs(6)))  '净
            jg(3) = cs(3) * (1.22 * cs(1) + 1.57 * cs(3))  '拱
        ElseIf gglx = 2 Then
            jg(1) = cs(1) * (0.159 * cs(1) + (cs(2) - cs(6)))  '净
            jg(3) = cs(3) * (1.16 * cs(1) + 1.57 * cs(3))  '拱
        End If
    End If


'计算墙
    If cs(3) > = 0.2 Then  '浇筑
        jg(4) = cs(3) * 2 * cs(2)  '墙
    Else  '喷射
        jg(4) = cs(3) * 2 * (cs(2) + 0.1)  '墙
    End If


'计算基础
    jg(5) = cs(3) * (cs(4) + cs(5))  '基础


'计算巷道掘进面积
If xdlx = 2 Then  '半圆弧
    jg(2) = (cs(1) + 2 * cs(10)) * (0.393 * (cs(1) + 2 * cs(10)) + cs(2))  '掘
Else
    jg(2) = jg(1) + jg(3) + jg(4) + jg(5) + cs(6) * cs(1)  '掘
End If


'计算道砟、水沟
    If sg = False Then
        jg(6) = cs(6) * cs(1)  '道砟
    Else
```

```
        jg(6) = cs(6) * (cs(1) - cs(7) - 2 * cs(10))  '道砟
        If jg(6) > 0 Then  'Ⅲ类型水沟
            jg(7) = 0.5 * (cs(7) + 2 * cs(10) + cs(8) + 2 * cs(10)) * (cs(9) + cs(10))
'水沟掘进面积
            jg(8) = 0.5 * (cs(7) + cs(8)) * cs(9)  '水沟净面积
            jg(9) = (2 * (cs(9) + cs(10) + cs(6) - cs(11)) + cs(8)) * cs(10)  '水沟支护
        Else            'Ⅱ类型水沟
            jg(7) = 0.5 * (cs(7) + 2 * cs(10) + cs(8) + 2 * cs(10)) * (cs(9) + cs(10) +
cs(11))  '水沟掘进面积
            jg(8) = 0.5 * (cs(7) + cs(8)) * (cs(9) + cs(11))  '水沟净面积
            jg(9) = (2 * (cs(9) + cs(10)) + cs(8)) * cs(10)  '水沟支护
        End If
    End If
'供工程量表填写的格式输出
    For i = 1 To 9
        jg_str(i) = Format(jg(i), "#  0.00")
    Next i
End Sub
```

（13）tbtb 子过程代码。

```
'工程量表格输出
Private Sub tbtb(thisdrawing As AcadDocument, int_pt As Variant, jg_str() As String)
    Dim pt As Variant
    pt = thisdrawing.Utility.PolarPoint(int_pt, pi, 20)
    Dim MyTable As AcadTable
    Set MyTable = thisdrawing.ModelSpace.AddTable(pt, 4, 9, 10, 45)
    MyTable.SetText 0, 0, "巷道断面工程量表(m" & "\U+00B2)"
    MyTable.SetText 1, 0, "净断面":MyTable.MergeCells 1, 2, 0, 0
    MyTable.SetText 1, 1, "掘进断面":MyTable.MergeCells 1, 2, 1, 1
    MyTable.SetText 1, 2, "巷道支护":MyTable.MergeCells 1, 1, 2, 5
    MyTable.SetText 1, 6, "水沟":MyTable.MergeCells 1, 1, 6, 8
    MyTable.SetText 2, 2, "拱面积"
    MyTable.SetText 2, 3, "墙面积"
    MyTable.SetText 2, 4, "基础面积"
    MyTable.SetText 2, 5, "道砟面积"
    MyTable.SetText 2, 6, "水沟掘进面积"
    MyTable.SetText 2, 7, "水沟净面积"
    MyTable.SetText 2, 8, "水沟支护面积"
    Dim i As Integer
    For i = 0 To 8
        MyTable.SetText 3, i, jg_str(i + 1)
    Next i
    MyTable.ScaleEntity pt, 0.45
End Sub
```

9.4 矿山巷道工程量统计

图形化计算是 AutoCAD 二次开发中的另一项重要内容。在采矿专业中应用图形化计算的工作非常多，如采样样长加权品位计算、断面法或块段法储量估算、各种矿量计算、露天矿测量验收、露天矿计划编制等。本章以巷道工程量统计为例，详细讲解 AutoCAD 中图形化计算的二次开发方法。

通过矿山巷道工程量统计的学习，应掌握以下内容：

(1) 了解图形化计算；

(2) 理解巷道工程量统计程序分析；

(3) 掌握巷道工程量统计程序编制。

9.4.1 图形化计算

所谓图形化计算是指在屏幕中选择参与计算的图形即可获得想要的计算结果。通过鼠标在屏幕上的圈点即可获取所需计算结果，图形本身是计算的主体，比如图形的长度、面积、坐标、布尔运算等，此外还需要图形的非图形数据参与，这类数据通过扩展数据技术已经与图形完美融合在一起，因此无须外部文件参与，即可完成需要图形参与的图形化计算。

图形化计算往往离不开非图形数据的参与，因此扩展数据技术是图形化技术的重要组成部分。图形化计算程序编制技术难度不高，但应用很广泛，使得设计中计算既直观又简便。此外，在图形化计算程序中选择集的应用也是重要组成部分，由选择集筛选出参与计算的图形。因此，扩展数据与选择集的应用是图形化计算编程技术的重点。

9.4.2 巷道工程量统计程序分析

程序分三个命令模块，一是通过多选为多段线添加巷道信息扩展数据，二是通过单选从多段线中读取巷道信息扩展数据并显示，三是通过多选具有巷道信息扩展数据的多段线，统计巷道工程量并绘制表格输出。

巷道扩展数据包括内容如下：(1) 巷道名称；(2) 巷道类型；(3) 巷道面积。扩展数据可在巷道信息窗体中选取或输入，巷道名称和巷道类型扩展数据定义为字符串型全局变量，巷道面积扩展数据定义为数值型全局变量。

采用前面介绍的通用扩展数据添加、读取子过程，是完成此项任务的重点。巷道的长度直接读取多段线长度属性，其与巷道面积扩展数据的乘积即为巷道工程量。程序中对巷道没有排序，更没有归类合并计算，也没有考虑闭合区域内巷道工程量统计，本程序仅是帮助理解图形化计算程序编写。

添加巷道扩展数据程序运行描述：在屏幕上多选巷道多段线后，弹出巷道信息窗体，在窗体中确定巷道信息参数，程序执行扩展数据添加。

读取巷道扩展数据程序运行描述：在屏幕上单选巷道多段线后，弹出显示巷道信息的对话框。

巷道工程量统计程序运行描述：在屏幕上多选巷道多段线后，在屏幕上选取工程量表格插入点，程序执行绘制巷道工程量统计表格。

9.4.3 巷道工程量统计程序编制

程序包括一个窗体（名称为：xdxx）和三个模块（名称为：选择集、扩展数据、巷道工程量统计），前两个模块在前面章节介绍过，本章不再重复。

9.4.4 窗体设计

（1）窗体设计。如图 9-2 所示，窗体中包括 3 个 ComboBox 控件，ComboBox1 为巷道名称，ComboBox2 为巷道类型，ComboBox3 为巷道面积；包括 2 个 CommandButton 控件，CommandButton1 为确定按钮，CommandButton2 为取消按钮。

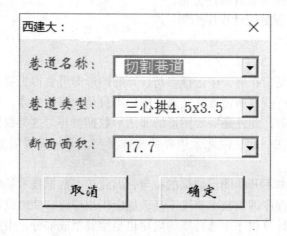

图 9-2 巷道工程量统计窗体

（2）窗体代码。

1）窗体初始化代码。

```
Private Sub UserForm_Initialize()

    ComboBox1. AddItem "切割巷道 "

    ComboBox1. AddItem "沿脉巷道 "

    ComboBox1. AddItem "穿脉巷道 "

    ComboBox1. AddItem "联络巷道 "


    ComboBox2. AddItem "三心拱 4.5×3.5 "

    ComboBox2. AddItem "三心拱 3×3 "

    ComboBox2. AddItem "圆弧拱 4×3.6 "

    ComboBox2. AddItem "半圆拱 2×3 "


    ComboBox3. AddItem 17.7

    ComboBox3. AddItem 11.2

    ComboBox3. AddItem 14.9

    ComboBox3. AddItem 5.6
```

```
        ComboBox1. ListIndex = 0
        ComboBox1. Style = fmStyleDropDownList
        ComboBox2. ListIndex = 0
        ComboBox2. Style = fmStyleDropDownList
        ComboBox3. ListIndex = 0
        ComboBox3. Style = fmStyleDropDownList
End Sub
```

2）ComboBox 控件代码。

```
Private Sub ComboBox2_Change( )
        ComboBox3. ListIndex = ComboBox2. ListIndex
End Sub
```

3）CommandButton 控件代码。

```
Private Sub CommandButton1_Click( )
        xdmc = ComboBox1. Text
        xdlx = ComboBox2. Text
        xdmj = ComboBox3. Text
        cgorsb = True
        Unload Me
End Sub


Private Sub CommandButton2_Click( )
        cgorsb = False
        Unload Me
End Sub
```

9.4.5 模块设计

（1）声明变量。

```
Public cgorsb As Boolean
Public xdmc As String
Public xdlx As String
Public xdmj As Double
```

（2）xd_put_xdata 主程序代码。

```
        '添加巷道扩展属性
Sub xd_put_xdata( )
        Dim ss As AcadSelectionSet, pl2d As AcadLWPolyline
        Set ss = build_ss( "xd", lxSelectOnScreen,,,,,, "0,LWPolyline" )
        xdxx. Show 1
        If cgorsb = False Then Exit Sub
        For Each pl2d In ss
                put_xdata pl2d, "巷道信息", 1000, xdmc, 1000, xdlx, 1040, xdmj
                pl2d. color = acYellow
                thisdrawing. Layers. Add xdmc
```

```
        pl2d. Layer = xdmc
    Next pl2d
End Sub
```

（3）xd_get_xdata 主程序代码。

```
    ' 获取巷道扩展属性
Sub xd_get_xdata( )
    Dim pl2d As AcadLWPolyline, pt As Variant
    Dim xdata As Variant, str As String
    thisdrawing. Utility. GetEntity pl2d, pt, "选择巷道："
    If HasXData( pl2d, "巷道信息") Then
        xdata = get_xdata( pl2d, "巷道信息")
        str = "巷道名称：" & xdata(1) & vbCrLf
        str = str & "巷道类型：" & xdata(2) & vbCrLf
        str = str & "巷道面积：" & xdata(3) & vbCrLf
        str = str & "巷道长度：" & CLng( pl2d. Length) & vbCrLf
        str = str & "巷道工程量：" & CLng( pl2d. Length * xdata(3)) & "立方"
        MsgBox str
    Else
        MsgBox "没有 <巷道信息 >扩展数据！"
    End If
End Sub
```

（4）xd_gcltj 主程序代码。

```
    ' 巷道工程量统计
Sub xd_gcltj( )
    Dim ss As AcadSelectionSet, pl2d As AcadLWPolyline
    Dim pt As Variant, sm As Integer, xdata As Variant
' 获取巷道选择集
Set ss = build_ss( "xd", lxSelectOnScreen,,,,,, "0,LWPolyline,1001,巷道信息")
    If ss. Count = 0 Then Exit Sub Else sm = ss. Count
        pt = thisdrawing. Utility. GetPoint( , "选取表格插入点：")
' 工程量统计
    ReDim jg( sm, 5) As Variant
    For Each pl2d In ss
        xdata = get_xdata( pl2d, "巷道信息")
        i = i + 1
        jg( i, 1) = xdata(1)
        jg( i, 2) = xdata(2)
        jg( i, 3) = xdata(3)
        jg( i, 4) = CLng( pl2d. Length)
        jg( i, 5) = CLng( pl2d. Length * xdata(3))
    Next pl2d
    ' 绘制工程量统计表
    tbtb_xd thisdrawing, pt, jg, sm
End Sub
```

（5）tbtb_xd 子过程代码。

```
'巷道工程量表格绘制
Private Sub tbtb_xd(thisdrawing As AcadDocument, int_pt As Variant, jg() As Variant, sm As Integer)
    thisdrawing. Layers. Add "工程量表"
    Dim MyTable As AcadTable, gcl As Double
    Set MyTable = thisdrawing. ModelSpace. AddTable(int_pt, sm + 3, 7, 10, 30)
    MyTable. Layer = "工程量表"
    MyTable. RegenerateTableSuppressed = True

    MyTable. SetText 0, 0, "采矿工程量表"
    MyTable. SetText 1, 0, "序号"
    MyTable. SetText 1, 1, "工程名称"
    MyTable. SetText 1, 2, "类型"
    MyTable. SetText 1, 3, "面积(m\U + 00B2)"
    MyTable. SetText 1, 4, "长度(m)"
    MyTable. SetText 1, 5, "工程量(m\U + 00B3)"
    MyTable. SetText 1, 6, "备注"

    Dim i As Integer
    For i = 1 To sm
                MyTable. SetText 1 + i, 0, i
                MyTable. SetText 1 + i, 1, jg(i, 1)
                MyTable. SetText 1 + i, 2, jg(i, 2)
                MyTable. SetText 1 + i, 3, jg(i, 3)
                MyTable. SetText 1 + i, 4, jg(i, 4)
                MyTable. SetText 1 + i, 5, jg(i, 5)
                gcl = gcl + CLng(jg(i, 5))
    Next i
    MyTable. SetText sm + 2, 0, "合计"
    MyTable. SetText sm + 2, 5, gcl

    MyTable. ScaleEntity int_pt, 0. 5
    MyTable. RegenerateTableSuppressed = False
End Sub
```

10 案例二　矿山地表曲面模型构建及方量计算

矿山模型构筑是 AutoCAD 二次开发中另一项重要内容。矿山模型包括很多类型：有描述地表、断层的曲面模型；有描述矿体、采矿工程实体模型；有便于优化和计算的矿床模型等。本章详细讲解如何以二维等高线为基础，应用规则四边形网构建地表曲面模型。

通过本案例学习，应掌握以下内容：

(1) 了解矿山模型构筑；

(2) 理解地表曲面模型构建分析；

(3) 掌握构筑地表曲面模型程序代码编制。

10.1　矿山模型构筑

矿山模型从专业分类来说，有地质方面的三维矿体模型、矿床模型；有测量方面的地表模型；采矿方面的巷道、采空区等采矿工程模型。从矿山模型表现方式来说，有描述地表、断层的曲面模型；有描述矿体、采矿工程实体模型；有便于优化和计算的矿床模型等。

在 AutoCAD 中表达曲面模型的图元主要包括：三维面（3DFace）、曲面（Surface）、网格（Mesh）。对于矿山地表曲面模型来说，主要有使用三维面（3DFace）图元构筑的不规则三角网曲面模型，以及由网格（Mesh）图元构筑的规则四边形曲面模型。

在 AutoCAD 中表达实体模型的图元主要包括：三维面（3DFace）、三维实体（3DSolid）。对于矿体、巷道、采空区模型来说，主要有使用三维面（3DFace）图元构筑的网体模型，以及由三维实体（3DSolid）图元构筑的实体模型。两者在可视化表达上没有区别，三维面（3DFace）构筑的实体模型可以进行布尔运算。

在 AutoCAD 中表达矿床模型的图元主要包括：二维实体（Solid）、多段线（LWPolyline）。由二维实体（Solid）图元绘制矩形，再给出厚度即可完成块体的可视化表达。由主多段线（LWPolyline）图元绘制一条线段，再给出多段线的宽度及厚度可完成块体的可视化表达。

10.2　地表曲面模型构筑分析

在矿山资料中都会包含一张地质地形图，其中地表主要由等高线形式来描述。构筑地表曲面模型主要有两种技术手段：一是基于等高线的约束三角形剖分，二是基于等高线的规则网格点插值。本章主要介绍后一种技术手段。

由网格（Mesh）图元构筑的规则四边形曲面模型，主要技术在于规则网格点的插值。插值方法如下：绘制一条等高线与相交水平直线，求出直线所有与等高线的交点，将交点

按 X 坐标值由小到大排序，连接所有交点获得直线所在位置的等高线三维地表交线，再以此三维地表交线中根据 X 坐标值获得插值点坐标。按上述插值方法，根据网格 Y 值范围，由小到大依此插值，最终获得网格所有点的坐标。

插值前等高线图要做技术处理，确保等高线都为多段线，且标高为零。建立以等高线标高为命名的图层，确保等高线的图层与标高一致。其目的在于获取交点的标高。

等高线按标高抬起状态如图 10-1 所示，等高线标高归零状态如图 10-2 所示，地表曲面模型如图 10-3 所示。

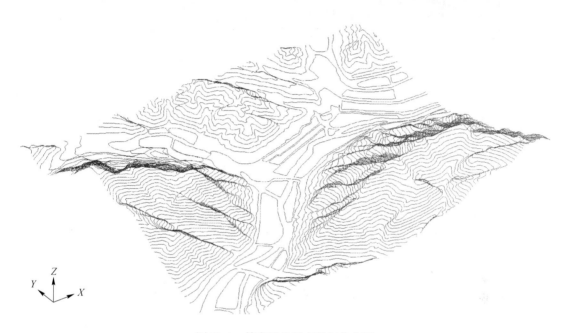

图 10-1　等高线按标高抬起状态图

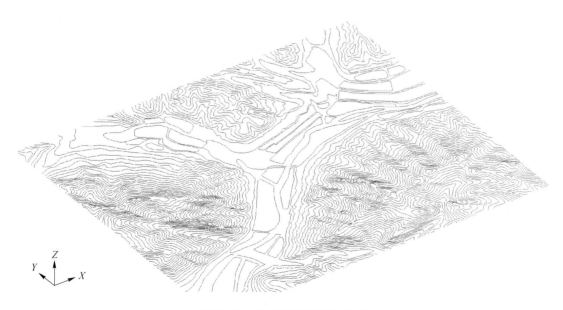

图 10-2　等高线标高归零状态图

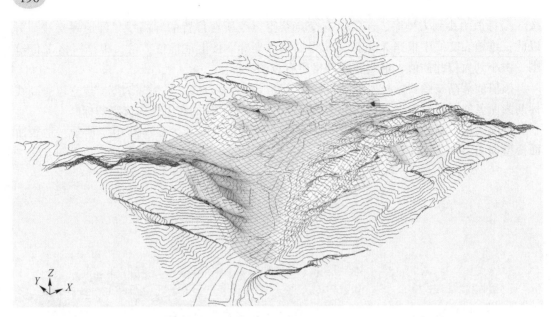

图 10-3   地表曲面模型图

程序运行描述：在等高线处理后的图纸中，在等高线范围内选取曲面模型的左下角及右上角点，再输入水平网格及垂直网格数目，最后屏幕选择参与建模的所有等高线，程序运行。

10.3   地表曲面模型程序代码编制

假设所构筑的地表曲面完全在等高线范围内。程序仅包括一个模块（名称为：地表曲面）。

（1）dgx_cl 主程序。本程序是针对已经按标高抬起的等高线，将以等高线标高建立图层，并将等高线标高归零。

```
' 按等高线标高建立图层,等高线标高归零
Sub dgx_cl( )
    Dim ss As AcadSelectionSet, pl2d As AcadLWPolyline
    Set ss = thisdrawing. SelectionSets. Add( "dd" )
    ss. SelectOnScreen
    For Each pl2d In ss
        thisdrawing. Layers. Add pl2d. Elevation
        pl2d. Layer = pl2d. Elevation
        pl2d. Elevation = 0
    Next pl2d
    ss. Delete
End Sub
```

（2）dgx_tg 主程序。本程序是针对等高线已经放置在自身标高命名的图层中，将以图层名称重新设定等高线标高。

```
'等高线标高按图层名设置,等高线抬高
Sub dgx_tg( )
    Dim ss As AcadSelectionSet, pl2d As AcadLWPolyline
    Set ss = thisdrawing. SelectionSets. Add( "dd")
    ss. SelectOnScreen
    For Each pl2d In ss
        pl2d. Elevation = pl2d. Layer
    Next pl2d
    ss. Delete
End Sub
```

（3）dbqm_sub 主程序。本程序是针对等高线已经放置在自身标高命名的图层中，且等高线标高为零情况下，实现构筑地表曲面模型。

```
'由等高线建立地表曲面
Sub dbqm_sub( )
    Dim pt1 As Variant, pt2 As Variant
    Dim nx As Integer, ny As Integer
    Dim cx As Double, cy As Double
    Dim dx As Double, dy As Double
    Dim db_mesh As AcadPolygonMesh
    pt1 = thisdrawing. Utility. GetPoint( , "左下角点:")
    pt2 = thisdrawing. Utility. GetCorner( pt1, "右上角点:")
    cx = pt2(0) - pt1(0) :cy = pt2(1) - pt1(1)
    On Error Resume Next
    nx = thisdrawing. Utility. GetInteger( "X 方向网格数目 <50 >:")
    If Err Then Err. Clear:nx = 50
    ny = thisdrawing. Utility. GetInteger( "Y 方向网格数目 <50 >:")
    If Err Then Err. Clear:ny = 50

    Dim ss As AcadSelectionSet, pl2d As AcadLWPolyline, m As Long
    Set ss = thisdrawing. SelectionSets. Add( "dd")
    ss. SelectOnScreen
    ReDim dgx_ss( ss. Count) As AcadLWPolyline
    For Each pl2d In ss
        m = m + 1
        Set dgx_ss( m) = pl2d
    Next pl2d
    ss. Delete
    Dim pl3d As Acad3DPolyline, wz As Long, XX As Double, YY As Double
    dx = cx / nx:dy = cy / ny
    ReDim ptts( 3 * nx * ny - 1) As Double
    For i = 0 To ny - 1
        wz = 0
        YY = pt1(1) + dy * i
```

```
        Set pl3d = qgx(thisdrawing, YY, dgx_ss)'生成三维地表交线
        For j = 0 To nx - 1
            XX = pt1(0) + dx * j
            ptts(k) = XX
            ptts(k + 1) = YY
            'ptts(K + 2) = Int(100 * Rnd()) + 1
            'Debug. Print K, ptts(K), ptts(K + 1), ptts(K + 2)
            ptts(k + 2) = qgx_bg(thisdrawing, XX, pl3d, wz)'获取插值点 Z 值
            k = k + 3
        Next j
        pl3d. Delete
    Next i
    '构筑地表曲面
    Set db_mesh = thisdrawing. ModelSpace. Add3DMesh(nx, ny, ptts)
    db_mesh. color = acYellow
End Sub
```

（4）qgx 子函数。

```
'按 Y 值绘制水平直线,求出三维地表交线
Function qgx(thisdrawing As AcadDocument, YY As Double, dgx_ss() As AcadLWPolyline) As
Acad3DPolyline
        Dim xpt1(2) As Double, xpt2(2) As Double, pts() As Variant, n As Long
        Dim jd As Variant, m As Integer, tempt(2) As Double
        Dim xl As AcadXline, pl2d As AcadLWPolyline
        Dim pl3d As Acad3DPolyline
        xpt1(0) = 10:xpt1(1) = YY
        xpt2(0) = 20:xpt2(1) = YY
        Set xl = thisdrawing. ModelSpace. AddXline(xpt1, xpt2)
        n = 0
        ReDim pts(n)
        For i = 1 To UBound(dgx_ss)
            Set pl2d = dgx_ss(i)
            jd = xl. IntersectWith(pl2d, acExtendNone)
            m = (UBound(jd) + 1) / 3
            If m > 0 Then
                n = UBound(pts)
                If n = 0 Then
                    ReDim pts(m - 1) As Variant
                    For j = 1 To m
                        tempt(0) = jd(3 * j - 3)
                        tempt(1) = jd(3 * j - 2)
                        tempt(2) = pl2d. Layer
                        pts(j - 1) = tempt
                    Next j
```

```
            Else
                ReDim Preserve pts(n + m) As Variant
                For j = 1 To m
                    tempt(0) = jd(3 * j - 3)
                    tempt(1) = jd(3 * j - 2)
                    tempt(2) = pl2d. Layer
                    pts(n + j) = tempt
                Next j
            End If
        End If
    Next i
    xl. Delete
    n = UBound(pts)
    point_px n, pts, 0
    Set qgx = draw_3dpl(thisdrawing, pts) '绘制三维地表交线
End Function
```

（5）point_px 子过程。

```
'点数组从小到大排序,按 x 值或 y 值或 z 值大小进行点排序
Public Sub point_px(ByVal n As Long, pt() As Variant, xyz As Integer)
    Dim tempt As Variant
    For i = 0 To n - 1
        For j = i + 1 To n
            If pt(j)(xyz) < pt(i)(xyz) Then
                tempt = pt(i):pt(i) = pt(j):pt(j) = tempt
            End If
        Next j
    Next i
End Sub
```

（6）draw_3dpl 子函数。

```
'根据3 维多段线拐点数组绘制3 维多段线
Function draw_3dpl(thisdrawing As AcadDocument, ddx_gjd() As Variant) As Acad3DPolyline
    Dim n As Long
    n = UBound(ddx_gjd)
    ReDim cor(3 * n + 2) As Double
    For i = 0 To n
        cor(3 * i) = ddx_gjd(i)(0)
        cor(3 * i + 1) = ddx_gjd(i)(1)
        cor(3 * i + 2) = ddx_gjd(i)(2)
    Next
    Set draw_3dpl = thisdrawing. ModelSpace. Add3DPoly(cor)
End Function
```

（7）draw_ 3dpl 子函数。

'按网格 X 值求出3 维地表交线中网格点标高

```
Function qgx_bg(thisdrawing As AcadDocument, XX As Double, pl3d As Acad3DPolyline, wz As Long)
As Double
        Dim cor As Variant, n As Long, pt1 As Variant, pt2 As Variant
        Dim bl As Double
        cor = pl3d. Coordinates
        n = (UBound(cor) +1) / 3 - 1
        For i = wz To n - 1
            pt1 = pl3d. Coordinate(i):pt2 = pl3d. Coordinate(i +1)
            If pt1(0) < = XX And pt2(0) > = XX Then
                bl = (XX - pt1(0)) / (pt2(0) - pt1(0))
                qgx_bg = pt1(2) +(pt2(2) - pt1(2)) * bl
                wz = i
            End If
        Next i
End Function
```

10.4　基于地表曲面模型的方量计算

露天矿生产中测量验收是一项非常重要内容，方量计算是否准确又是测量验收的重点。本节重点讲解在地表曲面模型、开挖曲面模型基础上，如何完成方量计算以及程序编制。

通过基于地表曲面模型的方量计算的案例分析，应掌握以下内容：

（1）了解构建不规则三角网地表曲面模型方法；

（2）理解基于地表曲面模型的方量计算分析；

（3）掌握基于地表曲面模型的方量计算程序代码编制。

10.4.1　构建不规则三角网地表曲面模型方法

在 AutoCAD 中构建不规则三角网，因为较之于规则四边形网来说，三角网有以下特点：（1）省去了规则四边形网法中由离散点到网格点的数据转换，三角形网格的点数据就是离散点数据（直接观测数据），构成的系统性能最优，精度高于经插值得到的规则四边形网格点精度，并能克服地形起伏不大的地区产生冗余数据的问题。（2）能获得任意区域边界形状；而规则四边形网的边界只能是矩形。（3）直接利用原始数据点，能较好地估计地貌特征点、线，逼真地表示复杂地形起伏特征，对特征点部位任意小的等值线都能绘出，几何算法简单、可靠，而规则四边形网由于任意网格内等值线不能闭合，当某一特征点（如最高点）刚好位于矩形网格内时，就会丢掉很小的闭合等值线。构建不规则三角网的最常用算法是 Delaunay 算法，其代表算法主要有三角网生长法、分割归并法、逐点插入法。

（1）三角网生长法。从给定的点集中找到任意一点，再找到一个离该点距离最近的点，连接着两点构成一条边，把该边作为基边，根据角度最大原则或者距离最小的原则找到第三个点，形成一个初始的三角形，然后以这个三角形的三条边为基础，同样遵循刚才的原则向外扩展，直至所有的点均加入构成的三角网中。最后调用局部优化算法来优化构建的三角网，使之达到最优。

（2）分割归并法。分割归并法的思想是：递归分割点集，直到子集中只包含三个点，并形成三角形，然后自下而上逐级合并，构成最终的三角网。首先将点集数据进行排序、分割，然后把点集划分为足够小且互不相交的子集，在每一个子集内构建 Delaunay 子三角网，然后逐步合并相邻子集，最终形成整个点集的 Delaunay 三角网。

（3）逐点插入法。Lawson 提出了用逐点插入法建立 Delaunay 三角网的算法，其基本思路是：先在包含所有数据点的一个多边形中建立初始三角网，然后将余下的点逐一插入，用 LOP 算法确保其成为 Delaunay 三角网。

本章不讨论不规则三角网如何构筑，而是研究地表曲面、开挖曲面的不规则三角网已经构筑完成的情况下，如何完成方量计算问题。

10.4.2　基于地表曲面模型的方量计算分析

已知地表曲面模型和开挖曲面模型，其中低于地表曲面同时高于开挖曲面的封闭体即为开挖方量，高于地表曲面同时低于开挖曲面的封闭体即为回填方量。由于两个曲面中三角形无对应关系，无法直接通过三棱柱完成方量计算。最为简单的方法是：将两个曲面按相同离散参数进行离散处理，获得曲面离散高程值。再通过离散单元尺寸及高程差值计算出四棱柱体积，同类四棱柱体积累计即为所需方量。

离散参数主要包括：离散原点（左下角点）；离散单元水平尺寸（dx）；离散单元竖直尺寸（dy）；离散单元水平数目（nx）；离散单元竖直数目（ny）。离散参数确定了离散单元块尺寸、数目以及每个单元中心点位置。曲面离散既是计算出所有离散单元块中心点位置在曲面上的高程值，可以采用二维数组矩阵来表示。

曲面离散的重点在于离散点高程值的计算，三点可以确定一个平面，首先根据三角形已知点计算出平面方程，再根据平面方程解算出离散点高程值。地表曲面、开挖曲面、回填曲面模型如图 10-4 所示。挖方量计算结果如图 10-5 所示。挖方量计算结果与地表曲面、开挖曲面模型关系如图 10-6 所示。

图 10-4　地表曲面、开挖曲面、回填曲面模型图

程序执行过程描述：图中已存在两个曲面模型，曲面三角形颜色及图层各不相同。在

屏幕中依次选取离散范围的左下角点、右上角点，以及离散单元块尺寸，再依次选取地表曲面及开挖曲面，程序执行。

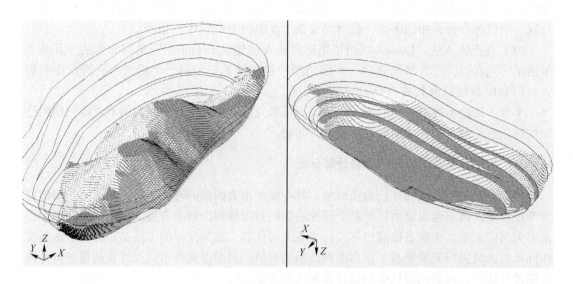

图 10-5 挖方量计算结果图

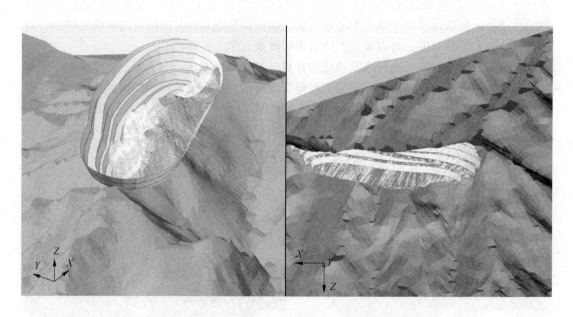

图 10-6 挖方量计算结果与地表曲面、开挖曲面模型关系图

10.4.3 基于地表曲面模型的方量计算程序代码编制

程序包括两个模块：一个是前面的选择集模块（名称为：选择集），另一个是完成土石方计算模块（名称为：土石方计算）。选择集模块代码前面章节已经给出，下面代码仅为土石方计算模块代码。

（1）wfjs_sub 主程序。

```
'挖方量计算
Sub wfjs_sub( )
    Dim pt1 As Variant, pt2 As Variant        '离散范围
    Dim ls_cx As Double, ls_cy As Double      '离散范围尺寸
    Dim ls_dx As Double, ls_dy As Double      '离散单元尺寸
    Dim ls_nx As Integer, ls_ny As Integer    '离散单元 X、Y 方向数目
    Dim qm1 As Acad3DFace, qm2 As Acad3DFace
    Dim ss As AcadSelectionSet, face As Acad3DFace
    Dim face_ss1( ) As Acad3DFace, face_ss2( ) As Acad3DFace
    Dim m As Long, n As Long
    Dim ls_qm_jg1 As Variant, ls_qm_jg2 As Variant

    '变量赋值
    pt1 = ThisDrawing. Utility. GetPoint( , "左下角点:")
    pt2 = ThisDrawing. Utility. GetCorner( pt1, "右上角点:")
    ls_cx = pt2(0) – pt1(0):ls_cy = pt2(1) – pt1(1)
    On Error Resume Next
    ls_dx = ThisDrawing. Utility. GetReal("离散单元 X 方向尺寸 <2 > :")
    If Err Then Err. Clear:ls_dx = 2
    ls_dy = ThisDrawing. Utility. GetReal("离散单元 Y 方向尺寸 <2 > :")
    If Err Then Err. Clear:ls_dy = 2
    ls_nx = ls_cx / ls_dx:ls_ny = ls_cy / ls_dy
    Debug. Print ls_nx, ls_ny

    ThisDrawing. Utility. GetEntity qm1, pt, "选择地表曲面:"
    ThisDrawing. Utility. GetEntity qm2, pt, "选择开挖曲面:"

    '曲面提取
    Set ss = build_ss( "qm", lxSelect, , acSelectionSetCrossing, pt1, pt2, , "0,3dface")
    For Each face In ss
        If face. Layer = qm1. Layer And face. color = qm1. color Then
            m = m + 1
            ReDim Preserve face_ss1( m) As Acad3DFace
            Set face_ss1( m) = face
        ElseIf face. Layer = qm2. Layer And face. color = qm2. color Then
            n = n + 1
            ReDim Preserve face_ss2( n) As Acad3DFace
            Set face_ss2( n) = face
        End If
    Next face
    ss. Delete
    Debug. Print m, n
```

```
' 曲面离散
ls_qm_jg1 = ls_qm( face_ss1 , pt1 , ls_dx , ls_dy , ls_nx , ls_ny)
ls_qm_jg2 = ls_qm( face_ss2 , pt1 , ls_dx , ls_dy , ls_nx , ls_ny)

' 挖方量计算
Dim box As AcadLWPolyline, fl As Double, gd As Double
Dim cor(3) As Double
ThisDrawing. Layers. Add "挖方结果"
For i = 0 To ls_nx － 1
For j = 0 To ls_ny － 1
    gd = ls_qm_jg1( i, j) － ls_qm_jg2( i, j)
    If gd > 0 Then
        fl = fl + ls_dx ＊ ls_dy ＊ gd
        cor(0) = pt1(0) + (0. 5 + i) ＊ ls_dx
        cor(1) = pt1(1) + (j) ＊ ls_dy
        cor(2) = cor(0)
        cor(3) = pt1(1) + (1 + j) ＊ ls_dy
        Set box = ThisDrawing. ModelSpace. AddLightWeightPolyline( cor)
        box. Elevation = ls_qm_jg2( i, j)
        box. Thickness = gd
        box. ConstantWidth = ls_dx
        box. color = acYellow
        box. Layer = " 挖方结果 "
    End If
Next j
Next i
MsgBox CLng( fl) & "立方 "
End Sub
```

（2）ls_qm 子函数。

```
' 曲面离散
Function ls_qm( face_ss( ) As Acad3DFace, pt As Variant, dx As Double, dy As Double, nx As Integer,
ny As Integer) As Variant
    ReDim bg_arr( nx, ny) As Double
    Dim ls_pt(2) As Double, face As Acad3DFace
    Dim x1 As Double, x2 As Double
    Dim y1 As Double, y2 As Double
    Dim n As Long
    n = UBound( face_ss)
    For i = 0 To nx
    For j = 0 To ny
        bg_arr( i, j) = 10000
    Next
    Next
```

```
        For k = 1 To n
            Set face = face_ss(k)
            face. GetBoundingBox pt1, pt2
            x1 = pt1(0):x2 = pt2(0)
            y1 = pt1(1):y2 = pt2(1)
            If x1 < pt(0) Then x1 = 0 Else x1 = Int((x1 - pt(0) - 0.5 * dx) / dx)
            If y1 < pt(1) Then y1 = 0 Else y1 = Int((y1 - pt(1) - 0.5 * dy) / dy)
If x2 > pt(0) + nx * dx Then x2 = nx Else x2 = CInt((x2 - pt(0) - 0.5 * dx) / dx)
If y2 > pt(1) + ny * dy Then y2 = ny Else y2 = CInt((y2 - pt(1) - 0.5 * dy) / dy)
        '求离散点高程
            For i = x1 To x2
            For j = y1 To y2
                ls_pt(0) = pt(0) + (0.5 + i) * dx
                ls_pt(1) = pt(1) + (0.5 + j) * dy
                If pdptin(ls_pt, face) = 1 Then bg_arr(i, j) = qbg(ls_pt, face)
            Next j
            Next i
        Next k
        ls_qm = bg_arr
End Function
```

（3）qbg 子函数。

```
    '求点在三角形 face 中的标高
Private Function qbg(pt As Variant, face As Acad3DFace) As Double
    Dim x1 As Double, y1 As Double, z1 As Double
    Dim x2 As Double, y2 As Double, z2 As Double
    Dim x3 As Double, y3 As Double, z3 As Double
    Dim x As Double, y As Double, z As Double
    Dim vi As Double, vj As Double, vk As Double
    x1 = face. Coordinates(0):y1 = face. Coordinates(1):z1 = face. Coordinates(2)
    x2 = face. Coordinates(3):y2 = face. Coordinates(4):z2 = face. Coordinates(5)
    x3 = face. Coordinates(6):y3 = face. Coordinates(7):z3 = face. Coordinates(8)
    x = pt(0):y = pt(1)
    '求出三角形法向量
    vi = (y2 - y1) * (z3 - z1) - (z2 - z1) * (y3 - y1)
    vj = (z2 - z1) * (x3 - x1) - (x2 - x1) * (z3 - z1)
    vk = (x2 - x1) * (y3 - y1) - (y2 - y1) * (x3 - x1)
    '求标高
    If vk < >0 Then z = z1 - ((x - x1) * vi + (y - y1) * vj) / vk
    qbg = z
End Function
```

（4）qbg 子函数。

```
    '判断点在三角形 face 内外,内 =1,落在边界上算外
Private Function pdptin(pt As Variant, face As Acad3DFace) As Integer
```

Dim p1 As Variant, p2 As Variant, p3 As Variant, p4 As Variant

Dim wz1 As Integer, wz2 As Integer, wz3 As Integer, wz4 As Integer

p1 = face. Coordinate(0) :p2 = face. Coordinate(1)

p3 = face. Coordinate(2) :p4 = face. Coordinate(3)

wz1 = WhichSide(CDbl(pt(0)), CDbl(pt(1)), CDbl(p1(0)), CDbl(p1(1)), CDbl(p2(0)), CDbl(p2(1)))

wz2 = WhichSide(CDbl(pt(0)), CDbl(pt(1)), CDbl(p2(0)), CDbl(p2(1)), CDbl(p3(0)), CDbl(p3(1)))

wz3 = WhichSide(CDbl(pt(0)), CDbl(pt(1)), CDbl(p3(0)), CDbl(p3(1)), CDbl(p4(0)), CDbl(p4(1)))

wz4 = WhichSide(CDbl(pt(0)), CDbl(pt(1)), CDbl(p4(0)), CDbl(p4(1)), CDbl(p1(0)), CDbl(p1(1)))

If Abs(wz1 + wz2 + wz3 + wz4) = 3 Then pdptin = 1 Else pdptin = 0

End Function

（5）WhichSide 子函数。

' 判断点与线段的 3 种位置关系

Private Function WhichSide(xp As Double, yp As Double, x1 As Double, y1 As Double, x2 As Double, y2 As Double) As Integer

' Determines which side of a line the point (xp,yp) lies.

' The line goes from (x1,y1) to (x2,y2)

' Returns - 1 for a point to the left

'　　　　　0 for a point on the line

'　　　　　+1 for a point to the right

Dim equation As Double

equation = ((yp - y1) * (x2 - x1)) - ((y2 - y1) * (xp - x1))

If equation > 0 Then

　　WhichSide = - 1

ElseIf equation = 0 Then

　　WhichSide = 0

Else

　　WhichSide = 1

End If

End Function

参 考 文 献

［1］徐帅，李元辉. 采矿工程 CAD 绘图基础教程［M］. 北京：冶金工业出版社，2013.

［2］李伟，张军，王开，等. 采矿 CAD 绘图实用教程［M］. 徐州：中国矿业大学出版社，2019.

［3］林在康. 采矿 CAD 开发及编程技术［M］. 徐州：中国矿业大学出版社，1998.

［4］张海波. 采矿 CAD［M］. 北京：煤炭工业出版社，2010.

［5］李伟. 采矿 CAD 绘图实用教程［M］. 徐州：中国矿业大学出版社，2011.

［6］中国煤炭教育协会职业教育教材编审委员会. 采矿 CAD［M］. 北京：煤炭工业出版社，2014.

［7］林在康. 采矿 CAD 设计软件及应用［M］. 徐州：中国矿业大学出版社，2008.

［8］邹光华. 矿图 CAD［M］. 北京：煤炭工业出版社，2011.

［9］郑西贵. 精通采矿 AutoCAD 2014 教程［M］. 徐州：中国矿业大学出版社，2014.

［10］童秉枢. 现代 CAD 技术［M］. 北京：清华大学出版社，2000.

［11］唐荣锡. CAD/CAM 技术［M］. 北京：北京航空航天大学出版社，1994.

［12］张晋西. Visual Basic 与 AutoCAD 二次开发［M］. 北京：清华大学出版社，2002.

［13］郭朝勇. AutoCAD R14（中文版）二次开发技术［M］. 北京：清华大学出版社，1999.

［14］李冠亿. 深入浅出 AutoCAD. NET 二次开发［M］. 北京：中国建筑工业出版社，2012.

［15］张帆. AutoCAD VBA 二次开发教程［M］. 北京：清华大学出版社，2006.

［16］李长勋. AutoCAD VBA 程序开发技术［M］. 北京：国防工业出版社，2004.

［17］郭秀娟. AutoCAD 二次开发实用教程［M］. 北京：机械工业出版社，2014.

［18］曾洪飞. AutoCAD VBA&VB. NET 开发基础与实例教程［M］. 北京：中国电力出版社，2013.

［19］柳小波. C#实用计算机绘图与 AutoCAD 二次开发基础［M］. 北京：冶金工业出版社，2017.

［20］董玉德. CAD 二次开发理论与技术［M］. 合肥：合肥工业大学出版社，2009.

［21］王玉琨. CAD 二次开发技术及其工程应用［M］. 北京：清华大学出版社，2008.

［22］张帆. AutoCAD VBA 开发精彩实例教程［M］. 北京：清华大学出版社，2004.

［23］梁尔祝，王锐，刘洋，等. AutoCAD 二次开发在矿山设计的应用［J］. 现代矿业，2021，37（4）：226～228，231.

［24］成海涛. CAD 二次开发方法研究与运用［J］. 中阿科技论坛（中英文），2020（12）：53～55.

［25］王凤和，王春宇，许磊. 利用 AutoCAD 二次开发语言 VBA 实现批量作图［C］//辽宁省水利学会 2020 年学术年会论文集，2020：139～142.

［26］葛禹锡，黄锋. 基于 VBA 和 Visual Lisp 的 AutoCAD 的二次开发［J］. 机电工程技术，2019，48（10）：86～88，207.

［27］谢安俊. 计算机辅助设计二次开发案例教程［M］. 北京：北京大学出版社，2009.

［28］李学东. AutoCAD 定制与 Visual LISP 开发技术［M］. 北京：清华大学出版社，2000.